Arctic Note
아틱 노트

알래스카에서 그린란드까지

이 책에 나온 북극 탐사는 아래 연구과제의 지원을 받아 수행되었습니다.

과학기술정보통신부 해양·극지기초원천기술개발사업 (NRF-2011-0021067, 2016M1A5A1027157, 2016M1A5A1901769, 2016M1A5A1901770), 해양수산부 극지 및 대양연구사업 (PM17040, PM17050), 극지연구소 기관고유사업 (PE16030, PE16062, PE17020, PE17040, PE17120, PE17130, PE17160), 극지연구소 창의과제 (PE15380, PE16240, PE16330, PE16530, PE17520)

Arctic Note
아틱 노트

알래스카에서 그린란드까지

이유경 편저

북극 툰드라 벌판에서, 북극곰이 어슬렁거리는 얼음바다에서 과학자들은 무얼 하고 있는 걸까요? 참을 수 없는 호기심을 품고 아무도 가지 않은 길을 걸어온 스물다섯 명의 이야기를 여기에 펼쳐 보았습니다.

사실 처음 이 길을 나설 때 우리는 북극이 어떤 곳인지도 잘 몰랐습니다. 그러다 보니 경험 부족으로 시행착오를 겪기도 했지요. 툰드라 토양 코어를 얻으려다가 땅속에 코어가 박혀 얼어붙는 바람에 다시 빼내려고 삽질하며 한나절을 보내기도 했고, 예상치 못한 모기떼의 환영을 받아 손과 얼굴이 퉁퉁 붓기도 했습니다. 북극해 얼음 위에서 연구를 해야 하는데 얼음이 보이질 않아 처음 계획보다 훨씬 북쪽으로 올라간 적도 있습니다.

하지만 우리는 미지의 세계로 용감하게 나아가 대한민국 국민으로는 처음으로 많은 일들을 했습니다. 그린란드 한복판에서 빙하를 시추한 것도, 알래스카 카운실과 시베리아 체르스키에서 온실기체의 변화를 측정한 것도, 북극 척치해와 보퍼트해에 쇄빙연구선 아라온호를 몰고 들어간 것도 우리가 처음이었습니다. 북극 다산과학기지 뒤편 산꼭대기와 그린란드 최북단, 그리고 러시아 북쪽의 한참 외진 섬에 대기관측 장비를 설치한 것도 우리였습니다. 우리는 북

책을 펴내며

극 다산과학기지에서 겨울을 나며 밤하늘 높이 올려다보기도 했고, 사람의 발길이 거의 닿지 않은 그린란드 시리우스 파셋에서 캠핑을 하다 희귀한 그린란드늑대를 만나기도 했습니다. 우리는 북극이사회 회의에 대한민국을 대표해 처음으로 참석했고 우리 정부를 지원하며 북극이사회 옵서버 가입을 이루기도 했습니다. 우리는 모두 극지연구소의 연구원입니다.

이십여 년 전 남의 나라 배를 얻어 타고 북극해 탐사에 참여했던 패기 넘치던 젊은 과학자는 이제 어엿한 중견 연구자가 되어 쇄빙연구선 아라온호를 이끌고 북극해 탐사에 나갑니다. 우리는 북극곰을 만나기도 하고 밤하늘에 펼쳐진 오로라의 향연을 보기도 하며, 밤새 일을 하다가 새벽 야식으로 나온 라면 한 그릇에 작은 행복을 느끼기도 합니다.

우리가 걷고 있는 이 길이 뒤에 오는 누군가에게는 꿈이며 도전이 되기를 소망하며 우리의 작은 이야기를 여러분께 들려 드립니다.

지은이들을 대표하여 이유경

제1부 북극으로

제2부 북극 다산과학기지

제3부 빙하의 땅 그린란드

차례

◈ 강성호

해양학을 전공하고 남극 결빙해역 식물플랑크톤 연구로 박사학위를 받았습니다. 1999년 대한민국 최초로 북극에서 국제해양공동연구에 참여하여 북극 진출의 발판을 마련했고, 2002년 국제북극과학위원회(IASC)의 정회원으로 가입하는데 주도적 역할을 했습니다. 국제북극과학위원회의 해양분과위원회와 태평양북극그룹(PAG)에서 대한민국 대표로 활동하고 있으며, 2014~16년에는 PAG 의장직을 성공적으로 수행한 바 있습니다. 현재 급격하게 변화하고 있는 태평양 결빙해역 공해의 환경변화를 이해하기 위해 쇄빙연구선 아라온호를 활용한 국제공동연구를 이끌면서 대한민국이 북극이사회 옵서버 국가로서의 위상을 제고하는데 크게 기여하고 있습니다.

◈ 권민정

생태학 분야 중 탄소 순환을 전공했고, 온대 지방, 열대 지방의 탄소 순환에 이어 현재는 북극 지방의 탄소 순환이 기후변화에 의해 어떤 영향을 받는지 연구하고 있습니다. 알면 알수록 더 알고 싶어지는 매력 넘치는 북극의 자연을 이해하고 보존하기 위해 러시아 시베리아, 미국 알래스카, 캐나다 북쪽 지방에 이어 다음 연구지를 기대하고 있습니다.

◈ 김기태

얼음을 좋아하는 생계형 과학자입니다. 얼음 안에서 일어나는 재미있는 화학현상들에 대한 연구로 박사학위를 받고, 극지방 얼음에서 일어나는 화학현상들이 극지방과 지구환경에 어떤 영향을 미치는지 연구하고 있습니다. 요즘은 북극으로 이동한 오염물질들이 어떻게 변화하는지에 대한 연구 때문에 북극을 자주 드나듭니다. 얼음이 품고 있는 재미난 비밀을 평생 연구하고 싶은 극지 과학자입니다.

◈ 김백민

제임스 글릭James Gleick의 『카오스Chaos』를 읽고 대기과학의 세계로 빠져들었습니다. 로렌츠 박사가 완전히 실패한 줄 알았던 실험 데이터에서 카오스를 발견해내는 과정, 또 비록 실수에서 비롯된 발견이었지만 카오스의 본질을 꿰뚫는 이론을 정립해내는 과정은 큰 감동을 주었고 비선형 역학이 만들어내는 변화무쌍한 대기의 흐름에 매료되었습니다. 현재 지구상에서 가장 크고 변화무쌍한 폴라볼텍스(Polar Vortex)라는 소용돌이를 연구하고 있는데, 이 소용돌이가 어떻게 한파와 폭염 등 세계 도처에 극단적인 기상현상을 만들어내는지를 컴퓨터로 시뮬레이션 하고자 노력중입니다.

◈ 김성중

남극의 해양과 해빙의 변화가 전지구 대양 순환에 미치는 영향으로 박사학위를 받았고, 극지역의 변화가 극지역 및 저위도지역의 기후 및 기상에 미치는 영향을 연구하고 있습니다. 2만년 전 마지막 최대 빙하기 동안의 기후를 재현하는 연구뿐만 아니라, 과거의 기후 이벤트를 수치모델을 이용하여 밝히는 연구도 병행하고 있습니다. 현재 북극과학위원회 대기분과위원으로, 남극과학위원회 물리분과 위원으로 활동 중입니다.

◈ 김정한

박사학위 전공은 우주과학이며, 현재는 저층대기와 우주환경의 현상들이 남북극 고층대기 밀

지은이 소개

도와 온도에 미치는 영향과 과정, 그리고 최근에는 남북극 극관지역에서 발생하는 오로라 현상과 태양활동의 상관성 등을 연구하고 있습니다. 2010년 11월 초 북극다산과학기지를 처음 방문했을 때, 저에게 오로라 현상을 직접 보게 해 준 북극의 밤하늘은 평생 잊지못할 장면으로 기억될 것 같습니다.

◈ 김현철

위성해양학을 전공하였고, 한국에서 인공위성을 이용한 극지원격탐사를 최초로 체계화하여 초대 극지 원격탐사연구실 실장 및 극지위성탐사 빙권정보센터의 초대 책임자를 맡고 있습니다. 한국의 아리랑 위성을 이용한 극지연구를 세계 최초로 수행하여 한국의 극지원격탐사 분야를 개척하고 있습니다. 과학창의재단에서 선정한 2017년 우수도서 『극지과학자가 들려주는 원격탐사이야기』를 집필하였습니다.

◈ 김효선

자원경제학으로 박사학위를 취득하고 한국가스공사 경영연구소와 유엔개발국 에너지 및 환경프로그램 담당관을 역임했으며, 대통령직속 북방경제협력위원회 민간위원으로 활동중입니다. 저서에는 『글로벌 북극』과 『기후변화와 탄소시장 용어집』이 있으며, 에너지안보포럼 및 탄소금융포럼 등을 운영하고 있습니다.

◈ 남성진

연구자들 옆에서 현장 활동과 자료생산 및 정리를 돕는 기술원. 대학생 때 호기심으로 잠깐 북극권 안에 발을 디뎌본 경험으로 자연을 연구하는 생태학을 전공하게 되었습니다. 북극 연구팀에서 8년째 여름마다 북극 툰드라지역에 발을 붙이고 있습니다. 북극 툰드라지역의 현장전문가가 되어, 연구자들이 좋은 연구결과를 내도록 옆에서 돕고자 합니다.

◈ 남승일

북극해 고기후·고해양 복원 연구를 수행하여 박사학위를 받았습니다. 1993년 8월 독일 알프레드베게너 극지·해양연구소의 쇄빙연구선 '폴라스턴호'에 승선하여 처음으로 북극해 탐사에 참여한 이후 지금까지 모두 열네 번이나 북극해를 다녀왔습니다. 2014년 8월 27일 '폴라스턴호'에 승선하여 한국인 과학자로서 처음으로 북극점에 도달했던 것이 가장 기억에 남습니다.

◈ 박기태

남북극을 오가며 극지의 바다와 하늘에서 만들어지는 에어로졸을 연구하고 있습니다. 관측 장비 제작에 관심이 많으며, 직접 만든 장비들을 통해 남북극에서 소중한 과학적 자료를 얻을 때 가장 큰 희열을 느낍니다.

◈ 박상종
대기난류를 통한 수증기 확산 특성에 관한 연구로 박사학위를 받았습니다. 2011년부터 남극 세종과학기지의 기상, 미국 알래스카 동토에서의 온실기체 발생, 북극 구름 등에 관한 연구를 하고 있습니다. 남극과 북극 현장에서 연구를 수행하면서 자연에 대한 경이로움을 더욱 느낍니다. 2017년 12월부터 일 년 동안 남극 세종과학기지에 머물며 대기과학 연구원 생활을 하고 있습니다.

◈ 박태윤
생물학으로 박사학위를 받았고, 남극과 북극의 화석들을 연구하고 있습니다. 지구상에 최초로 등장한 동물들의 비밀을 푸는 연구를 가장 좋아합니다. 현재 연구의 주 무대는 아름다운 자연환경과 더불어 5억년 전에 살았던 동물들의 화석이 남아 있는 북그린란드입니다.

◈ 서원상
'국제환경법상 차별적 공동책임 원칙'에 관한 연구로 국제법 박사학위를 받았고, 현재 극지법(Polar Law)이라 불리는 남극조약체제(남극조약, 환경보호의정서, CCAMLR)와 북극·북극해 관련 국제조약을 연구하고 있습니다. 극지연구소의 '과학'과 본인의 전문분야인 '국제법'을 연계하여, 과학외교(diplomatic science 또는 science for diplomacy) 개념을 중심으로 극지과학연구의 정치·사회적 가치를 제고하는 것 또한 주요 관심사입니다.

◈ 서현교
환경계획학(환경정책)으로 박사학위를 받았으며, 국제기구 유엔 산하 연구소, 과학기자, 언론인 등의 경력을 거쳐 극지연구소에 들어왔습니다. 현재 국내·외 국가 극지정책에 대한 연구를 하고 있으며, 국내 29개 북극연구기관 협의체인 '한국북극연구컨소시엄' 업무도 맡고 있습니다.

◈ 양은진
해양생물학을 전공하고 전 세계 바다에서 살고 있는 플랑크톤을 관찰하면서 살아가는 극지인입니다. 지구 환경변화가 바다에 서식하는 생물들에게 미치는 영향에 대한 궁금증을 해결하기 위해 매년 아라온호를 타고 차가운 북극 바다를 향하고 있습니다.

◈ 우주선
5억년 전 바다가 남긴 퇴적암의 형성과정을 밝히는 연구로 박사학위를 받고, 지금은 수억년 전 북극과 남극이 어떤 환경이었는지를 밝히는 연구를 하고 있습니다. 북극과 남극의 외진 곳에서 새로운 발견을 즐기는 현장형 지질학자입니다.

◈ 윤영준
에어로졸이 어떻게 만들어지는지? 도대체 기후에 어떤 영향을 주는지에 대해 궁금증을 참지 못하는 대기과학자입니다. 남극과 북극에서 대기중 입자 관측을 하며, 대기중 입자가 태양복사를 어떻게 산란하는지, 그리고 구름형성에 어떤 방식으로 기여하는지 등에 관한 답을 얻기 위해 연구하고 있습니다.

◈ 이강현
2001년 제 14차 남극 세종과학기지 월동연구대를 시작으로 극지와 인연을 맺은 후, 극지연구소에서 냉동 타임캡슐이라 불리는 빙하코어 연구로 박사학위 받았습니다. 현재 남극 내륙 진출 루트 개척과 북극 그린란드 빙하코어 국제공동연구, 아시아 고산지대 빙하코어 연구를 위한 기획 연구 등을 하고 있습니다.

◈ 이원영

야생에서 동물의 행동을 관찰하며 '왜' 그리고 '어떻게' 그런 행동을 하는지 질문을 던지고 답을 구하는 연구자입니다. 까치의 양육행동을 주제로 박사과정을 마치고 지금은 남극과 북극을 오가며 펭귄을 비롯한 야생동물을 연구하고 있습니다. 틈틈이 동물의 행동을 사진에 담고, 그림으로 남기며 과학적 발견들을 많은 이와 나누는 데 관심이 많습니다. 지은 책으로 『여름엔 북극에 갑니다』가 있습니다. 현재 한겨레 사이언스온에 「남극의 과학자, 남극의 동물」을, 『한국일보』에 「이원영의 펭귄 뉴스」를 연재하고 있으며 팟캐스트 「이원영의 새, 동물, 생태 이야기」, 네이버 오디오클립 「이원영의 남극 일기」를 진행하고 있습니다.

◈ 이유경

사랑하는 아이들과 이야기 나누는 시간이 가장 행복한 아줌마 과학자입니다. 여름이면 북극 다산과학기지나 알래스카 카운실에서 기후변화로 북극생물과 생태계가 어떻게 변하는지 연구합니다. 북극이사회, 북극과학위원회, 국제동토협회에서 활동하며 우리나라 과학외교에도 한 몫을 하고 있지요. 함께 지은 책으로 『북극 툰드라에 피는 꽃』, 『아라온호 극지대탐험』, 『극지과학자가 들려주는 툰드라 이야기』 등이 있습니다.

◈ 정지영

식물이 광합성으로 만들어낸 유기물이 토양으로 들어가 미생물의 먹이가 되고, 분해되어 다시 대기로 돌아가는 과정, 특히 땅속에서 일어나는 일들에 관심이 있는 토양학자입니다. 현재 기후변화가 북극 지역 토양생태계에 미치는 영향을 연구하고 있습니다. 사랑하는 딸들은 엄마의 출장을 제일 싫어하지만, 북극 현장 출장이 가장 즐거운 엄마입니다.

◈ 정지웅

기계공학을 전공한 빙하시추 전문가로, 오랜만에 만난 빙하시추기술자나 연구자들과 함께 빙하 코어를 끄집어내는 일이 가장 즐거운 극지인입니다. 시추기술자가 전 세계적으로 매우 적다 보니 서로 경쟁하기보다는 어려움이 있을 때 서로 돕는 시추기술자들만의 끈끈한 동지애에 빠져 살고 있습니다.

◈ 진영근

극지지구물리학을 전공했고 극지 해저 환경과 '불타는 얼음' 가스하이드레이트를 연구하고 있습니다. 매년 여름 북극 동시베리아해와 보퍼트해에서 수행하는 아라온호 국제공동연구탐사의 수석연구원을 맡고 있습니다.

◈ 최태진

대기과학자로서 2010년 쇄빙연구선 아라온호 건조후 최초의 남극항해에 참가하여 장보고과학기지 후보지 조사, 2014년 장보고과학기지 월동 등 남극기후연구에 시간을 많이 보냈습니다. 하지만 이제는 북극 동토가 기후변화에 어떻게 반응하고, 어떻게 영향을 주는가를 알기 위해 북위 70-80도의 고위도 북극 동토를 대상으로 연구를 더 활발히 수행하고 있습니다.

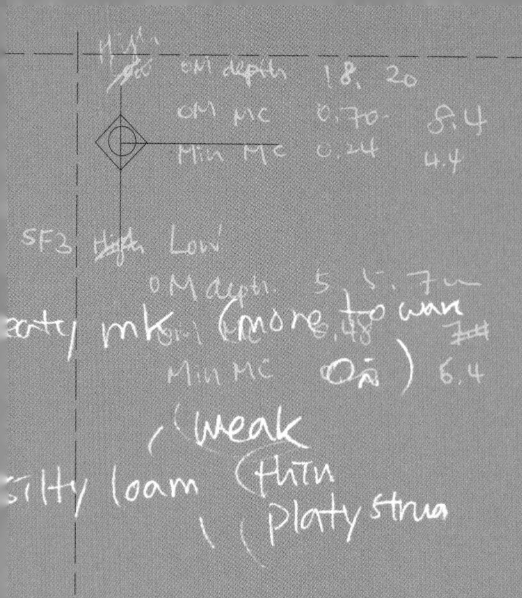

가장 중요한 것은 자신을 찾는 것이고 그러기 위해 때때로 고독과 사색이 필요하다. 깨달음은 분주한 문명의 중심에서 오지 않는다. 그것은 외로운 장소에서만 찾아온다.

프리드쇼프 난센(Fridtjof Nansen, 1861~1930)

제1부 북극으로

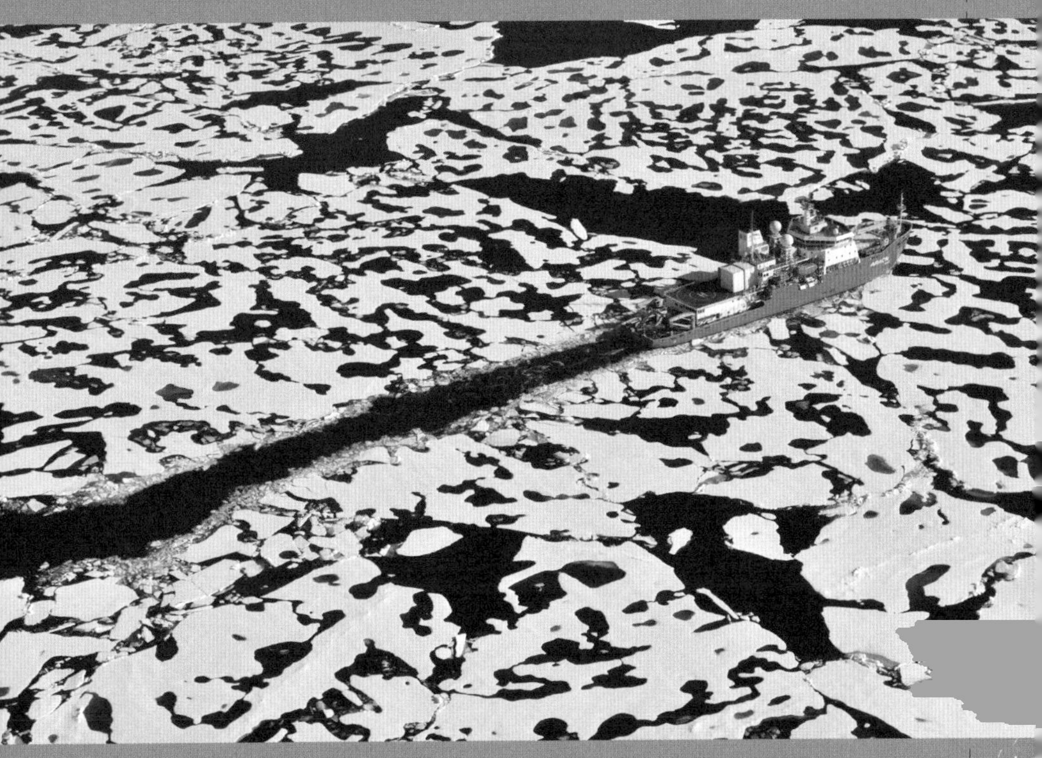

극지연구소 사진제공

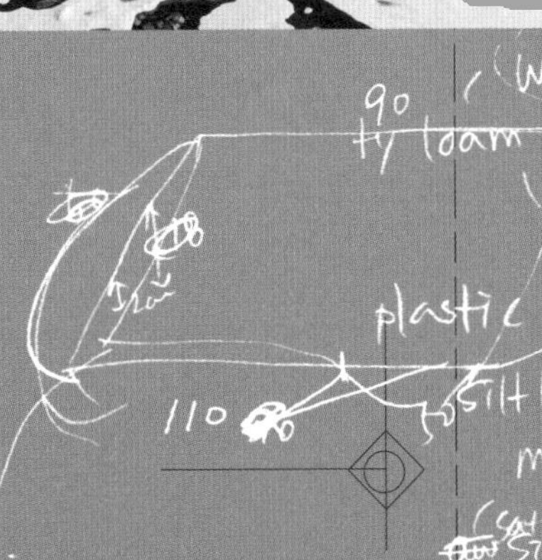

북극은 어디인가?

이유경

한 마디로 정의할 수 없는 북극

'북극' 하면 가장 먼저 떠오르는 이미지들, 하얀 얼음이 끝없이 펼쳐진 설원, 그리고 새하얀 해빙(sea ice) 사이를 어슬렁거리는 북극곰. 그러나 북극이 어디냐고 묻는다면 막상 답이 떠오르지 않는다. 북극해, 그린란드, 알래스카,

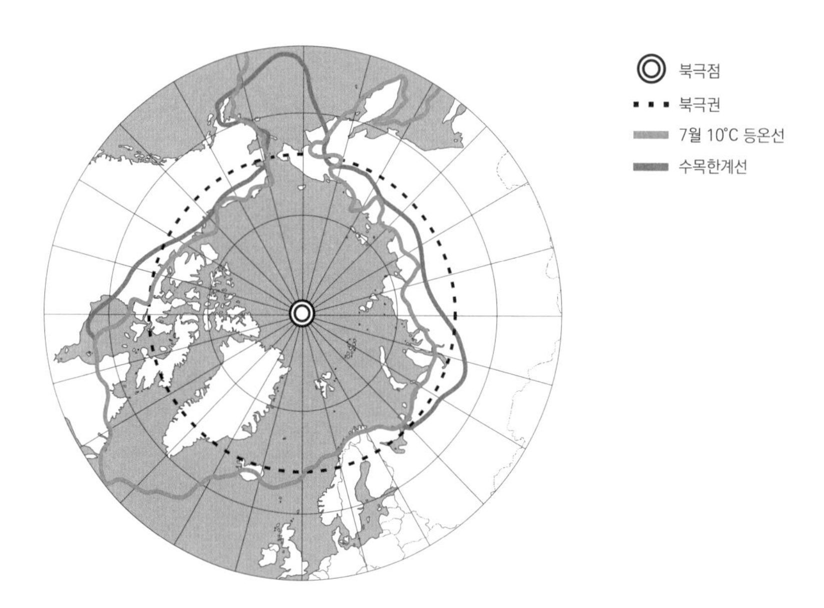

북극에 대한 다양한 정의. 지구물리학자들은 북극권 위쪽을 북극으로 정의하고 생태학자들은 수목한계선 북쪽이나 7월 평균기온이 섭씨 10도보다 낮은 지역으로 정의한다. (출처: AMAP)

시베리아……. 이 모든 곳이 북극일까? 아니면 북극점만을 의미하는 걸까? 선뜻 답하기엔 어려움이 있다. 남극은 남위 60도 아래의 모든 지역이라는 정의가 있다. 하지만 북극은 아직 공식적인 정의가 없다. 다만, 가장 널리 사용되는 북극의 정의로 북극권과 수목한계선이 있다.

지구물리학자들은 북극을 북극권(Arctic Circle)보다 북쪽에 있는 지역으로 정의한다. 북극권을 북극의 기준으로 잡은 이유는 이 위쪽으로 백야가 나타나기 때문이다. 여름에 낮만 계속되는 백야(白夜, midnight sun)나 겨울에 밤만 계속되는 극야(極夜, polar night)가 생기는 현상은 지구의 자전축이 약 23.5도 기울어져 있기 때문에 생긴다. 지구의 자전축이 조금씩 변하고 있기 때문에 북극권도 매년 아주 조금씩 변한다. 예를 들어 2011년 북위 66°33′44″였던 북극권 기준선이 2017년에는 66°33′54″로 변했다.

한편, 생태학자들은 북극을 나무가 자랄 수 있는 수목한계선 북쪽이나, 7월 평균기온이 10도 이하인 지역으로 정의한다. 그렇게 보자면 시베리아 북부와 그린란드, 캐나다 고위도지역, 알래스카, 그리고 북극해가 바로 북극에 해당한다. 낮은 온도와 짧은 생장 기간으로 인해 나무가 자라지 못하는 지역을 툰드라라고 한다. 따라서 북극은 북극해와 북위 50도 이상의 툰드라지역이라고 정의할 수도 있다.

기후를 결정하는 가장 기본적인 동력은 태양에너지이고, 위도가 같으면 태양에서 들어오는 에너지양도 같다. 그런데 생태학적인 관점에서 보면 시베리아는 북극의 기준선이 북극권보다 더 북쪽에 있고 캐나다 동부에서는 더 낮은 곳에 있다. 또한 노르웨이는 북위 70도까지도 나무가 자라는데, 캐나다 허드슨만 주변은 북위 60도 아래쪽에서도 나무가 자라지 못한다. 그 이유는 무엇일까?

해류가 전달하는 에너지도 기후에 막강한 영향을 주기 때문이다. 노르웨이

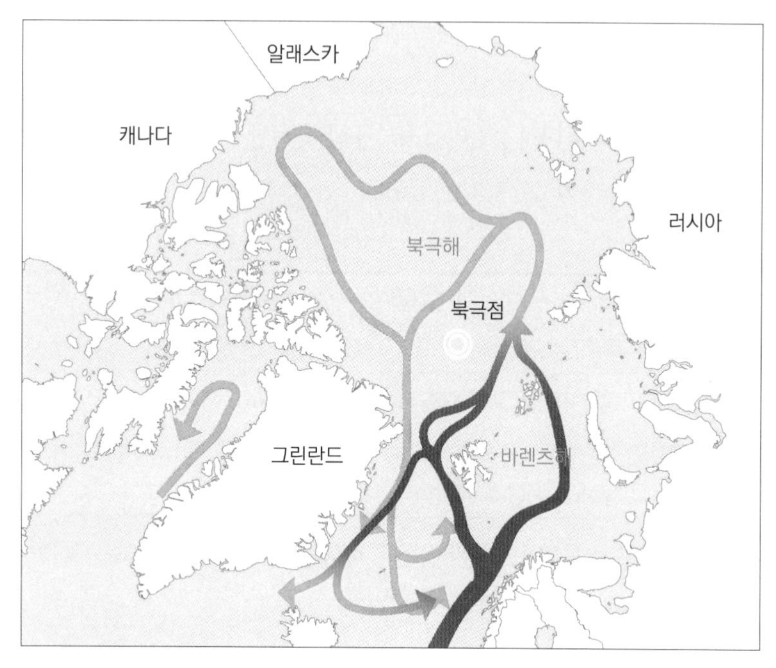

북극해의 해류. 따뜻한 북대서양해류 노르웨이 해안을 따라 북쪽으로 이동해서 스발바르를 지나기 때문에 북유럽과 스발바르는 같은 위도에 있는 다른 지역과 비교해서 따뜻하다. 북극해에서 대서양의 물이 차갑게 식으면 무거워져서 가라앉아 북극해를 한 바퀴 돈 후에 그린란드 동쪽으로 내려온다. (출처: www.arcticsystem.no)

의 경우 따뜻한 난류가 바로 옆을 지나가며 따뜻한 에너지를 전달해준다. 반면 캐나다 동부는 북극의 차가운 한류가 캐나다와 그린란드 사이를 흐르며 내려와서 차갑게 냉각시킨다. 이 때문에 노르웨이는 같은 위도의 캐나다나 시베리아보다 더 따뜻한 것이다. 따라서 같은 위도의 선을 기준으로 삼은 북극권보다는 평균기온이나 식물의 분포를 기준으로 잡은 생태학적 북극이 실제 자연환경을 더 잘 반영한다.

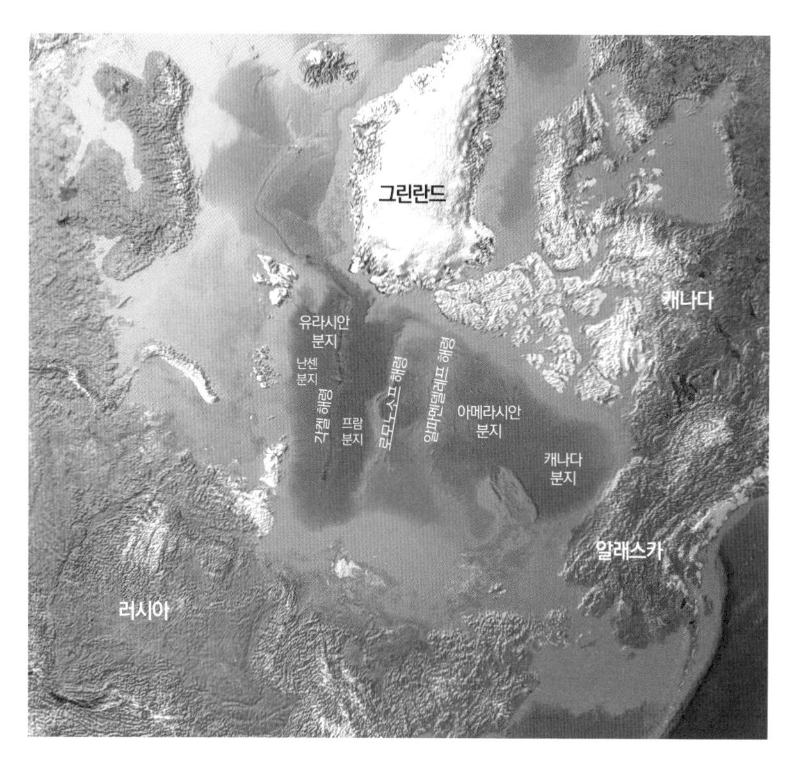

북극해의 해저 지형과 바다

북극해는 하나가 아니다

지구의 맨 꼭대기에 북극해가 있다. 지구는 머리에 바닷물을 이고 사는 셈이다. 북극해의 면적은 약 1,400만 제곱킬로미터로 전 대양의 2.6%에 불과하며, 평균수심은 약 1,320미터밖에 되지 않는다. 그렇지만 지구의 기후를 조절하는 역할을 하는 북극해는 태평양이나 대서양 못지않게 매우 중요하다.

북극해는 유라시아와 북미 대륙 그리고 그린란드로 둘러싸여 있으며 대서양과는 프람 해협, 태평양은 베링 해협을 통해 연결되어 있다. 북극해 바닥에도 산과 평지, 골짜기가 존재한다. 북극해 바닥은 거대한 해저 산맥인 로모노

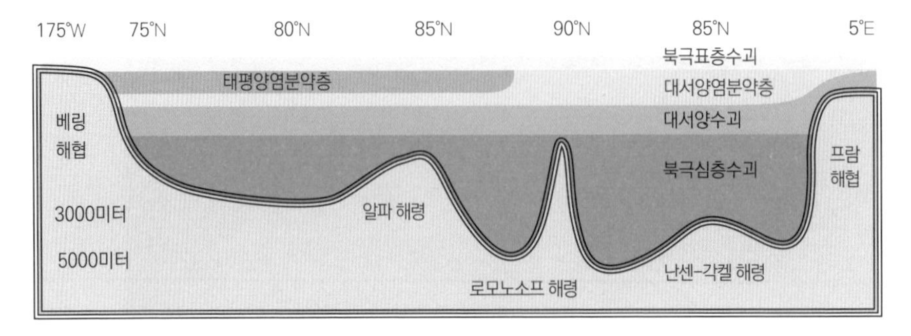

북극해의 주요 수괴 분포. 베링 해협에서 지리적 북극점을 지나 프람 해협까지 잘랐을 때 북극해의 단면이다. 수온과 염분의 농도에 따라 물의 밀도가 달라지는데, 아래로 갈수록 물의 밀도가 높아진다.

소프 해령을 기준으로 크게 아메라시안 분지와 유라시안 분지로 나뉜다. 아메라시안 분지는 다시 멘델레예프 해령과 알파 해령을 두고 캐나다 분지와 마카로프 분지로 나뉘며, 유라시안 분지는 각켈 해령을 두고 프람 분지와 아문센 분지로 구분된다.

북극해는 각자 이름을 가진 여러 개의 작은 바다를 품고 있다. 태평양에서 베링 해협을 지나면 척치해가 있고 척치해 양쪽으로 동시베리아해와 보퍼트해가 있다. 러시아 쪽으로는 랍테프해, 카라해, 바렌츠해가 있고, 프람 해협을 사이에 두고 노르웨이해와 그린란드해가 북대서양과 연결되어 있다. 그린란드 북쪽에는 완델해와 링컨해가 있고, 그린란드와 캐나다 사이에 배핀만, 데이비스 해협, 래브라도해가 있다.

북극해는 수괴(water mass)로 이루어져 있는데, 수괴는 수온과 염분 농도가 거의 균일하여 주위 해수와 구분되는 바닷물 덩어리를 말한다. 북극해의 수괴는 북극표층수괴(Arctic Surface Water), 태평양염분약층(Pacific halocline), 대서양염분약층(Atlantic halocline), 대서양수괴(Atlantic Water), 북극심층수괴(Arctic Deep Water)로 구분되며 학자에 따라 다른 이름으로 부르기도 한다. 북극해를 잘라서 단면을 본다면 수온과 염분 농도가 서로 다른 5개의 수괴를 볼 수 있다. 북극표층수괴는 수심 약 50미터까지 분포하며 차가운 대기의 영향으로 수온이 낮다. 또한 시베리아와 캐나다의 강에서 흘러 들어오는 담수와 해빙이 녹으면서 생긴 담수 때문에 염분 농도도 낮다.

북극해 150~900미터 깊이에는 대서양수괴가 있다. 이 대서양수괴는 프람 해협과 바렌츠해, 그리고 캐나다 북극의 캐나다 군도를 통해 들어온 북대서양 해수이다. 태평양의 경우 폭이 좁고 수심이 얕은 베링 해협을 통해서만 들어오기 때문에 태평양에서 들어오는 해수보다 대서양에서 들어오는 해수의 양이 열 배는 더 많다. 대서양수괴는 수온과 염분 농도가 높다. 수온이 최대 3도나 되어 차가운 북극에서 얼음을 녹일 수 있는 온도이다. 이 대서양수괴가 북극해 표층으로 올라온다면 북극해를 덮고 있는 해빙이 녹아 없어질 수 있다.

다행히 이를 막아주는 바닷물 덩어리가 있으니, 바로 염분 농도가 수심에 따라 급격하게 변하는 염분약층이다. 프람 해협의 표층을 통해 북극해로 들어오는 따뜻한 북대서양 해류는 북극해의 얼음을 녹여 염분 농도가 낮아지며 염분약층을 형성한다. 이 대서양염분약층은 수심 50~200미터에 분포한다. 대서양수괴에 비해 차갑지만 염분 농도가 낮기 때문에 가벼워서 대서양수괴 위에 분포하며 따뜻한 대서양수괴의 열이 북극표층수괴에 전달되는 것을 막아준다.

한편, 태평양에서 북극해로 흘러 들어온 해수는 대서양의 해수에 비해 염분 농도가 낮으며 규산염이 풍부하다. 이 해류도 태평양염분약층을 형성하며 수심 50~100미터 사이에 자리 잡고 대서양수의 열을 차단하는 역할을 한다. 여름에 들어오는 해류에 비해 겨울에 들어오는 해류의 온도가 낮아 무겁기 때문에 태평양염분약층을 계절에 따라 태평양여름수괴와 태평양겨울수괴로 구분하기도 한다. 태평양여름수괴는 북극표층수괴보다 온도가 높아 북극해 해빙을 녹이는데 영향을 줄 수 있어서 과학자들이 그 움직임에 주목하고 있다.

북극해의 가장 깊은 곳, 약 900미터 이하에는 북극심층수괴가 있다. 이 심층수괴는 대서양수괴와 염도는 비슷하지만 온도가 더 낮아서 북극해의 수괴 중에서 가장 높은 밀도를 갖고 있다. 밀도가 높기 때문에 맨 밑에 가라앉아 있는 것이다. 북극심층수괴를 이루는 물은 세 가지 경로로 들어온다. 첫 번째는 대서양수괴가 대륙붕에서 염도가 높아지면서 대륙사면을 타고 흘러내려온 경우로 가장 많은 양이 이렇게 들어온다. 두 번째로 바렌츠해 대륙붕을 타고 흘러 들어오는 대서양수괴가 차가워지고 얼면서 밀도가 높아져서 심층수괴로 유입되는 경우이다. 마지막으로 노르웨이해의 심층수가 프람 해협을 타고 심층수괴로 들어오는 것으로 세 가지 중에서 양은 가장 적다.

북극해의 이불, 해빙

겨울철에 북극해는 얼음에 덮여 있다. 해빙(海氷)은 북극해 바닷물보다 밀도가 낮아 해수면에 떠 있다. 한마디로 해빙은 북극해를 덮고 있는 차가운 이

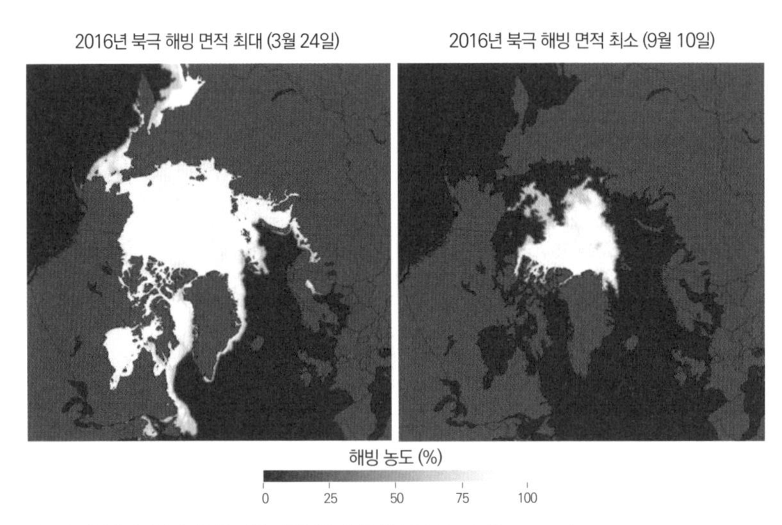

북극해 해빙의 면적이 가장 넓을 때와 가장 좁을 때 (출처: NASA Earth Observatory)

북극해의 해빙 (극지연구소 사진제공)

불이라고 할 수 있다. 해빙은 겨울에 만들어지고 여름이면 녹기 때문에 면적이 계절에 따라 계속 변한다. 그중에는 여름이 와도 녹지 않는 것도 있어서 해빙에도 나이가 생긴다. 지난 겨울에 만들어진 일년생 해빙은 두께가 약 2미터에 이른다. 여름을 여러 해 버티고 계속 녹지 않은 다년빙은 일년생 해빙보다 훨씬 두껍다. 북극해 해빙의 분포 면적 또한 계절에 따라 변하는데, 물은 비열이 높아서 온도가 전달되거나 얼고 녹는데도 시간이 걸려서 기온의 변화와 약간 시간 차이가 있다. 따라서 북극 해빙의 분포 면적은 3~4월에 가장 넓고 9월에 가장 좁아진다.

지구 온난화로 인해 기온이 높아지고 중위도의 따뜻한 공기가 극지방까지 이동하면서 북극은 다른 지역보다 빠르게 기온이 높아지고 있다. 이와 함께 해빙의 면적도 줄어들고 있다. 북극해 해빙은 1970년 750만 제곱킬로미터에서 최근 400만 제곱킬로미터 이하로 감소했다. 그런데 해빙이 감소하면 북극에서 태양에너지를 더 많이 흡수해서 기온이 더 높아지는 얼음 반사 피드백이 작동한다. 얼음은 대부분의 태양에너지를 반사하지만, 해빙이 녹고 바다가 드러나면 훨씬 많은 태양에너지를 흡수하기 때문에 바닷물의 온도가 높아지고 이로 인해 해빙이 더 많이 녹게 된다.

실제로 북극해 해빙은 기후변화에 관한 정부 간 패널(IPCC) 보고서의 예측보다 훨씬 빠른 속도로 줄어들고 있다. 어떤 기후학자는 우리 세대에 북극해 해빙이 완전히 사라진 여름을 볼 수 있을 것이라고 전망하기도 한다. 한편, 해빙이 줄어들면 북극해로 배가 다닐 수 있어 북극항로를 이용한 해운 산업과 북극의 자원 개발이 증가할 것이라는 예상도 있다.

변화무쌍한 북극의 동토

북극의 땅은 얼어붙은 동토이다. 아무리 동토라 해도 여름에는 땅의 표면이 녹았다가 가을부터 다시 얼어붙는다. 하지만 땅속에는 일 년 내내 녹지 않는 부분이 있는데, 이것을 '영구동토층'이라고 한다. 한 가지 중요한 점은 1980년대 이후 동토 여러 지역에서 땅속 온도가 높아지고 있다는 것이다. 토양의 온도가 높아지면 이 영구동토층이 녹는다. 영구동토층이 녹으면 어떤 일이 일어날까? 그것은 지역마다 다양하다. 호수나 습지가 생기기도 하고 사라지기도 한다. 또 식물이 더 잘 자라기도 하고 오히려 잘 자라지 않기도 한다.

23쪽의 인공위성 자료는 이런 기온 상승으로 북극에서 어떤 변화가 일어나고 있는지 보여준다. 알래스카의 경우 툰드라지역에서 녹색이 점점 더 진해지고 있다. 하지만 알래스카 내부에서 캐나다 북동쪽으로 뻗어나가는 타이가

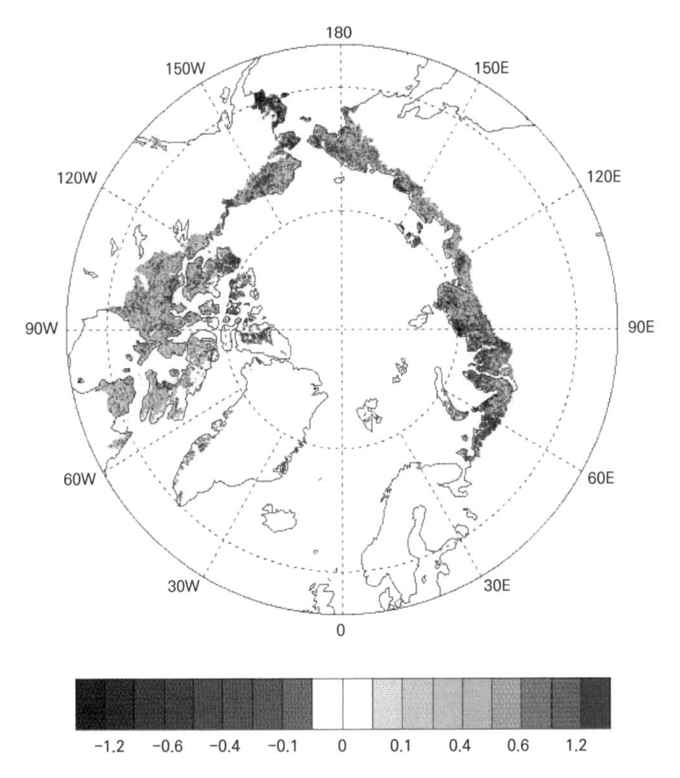

북극의 녹색화와 갈색화. 1982년에서 2015년까지 NDVI가 증가한 지역(녹색)과 감소한 지역(갈색)을 보여준다. (출처: https://www.luke.fi)

숲에서는 오히려 녹색이 감소했다. 북극 전체를 놓고 볼 때도 녹색이 증가한 지역이 있는가 하면 오히려 녹색이 줄어든 곳도 있다. 왜 이렇게 상반된 현상이 북극에서 일어나는 것일까? 기온이 높아지면 툰드라와 타이가 경계지역에서 침엽수가 자라면서 수목한계선이 북상하게 된다. 툰드라지역의 녹색이 진해지는(greening) 것이다. 한편, 툰드라와 인접한 타이가 침엽수림에서는 가뭄이나 산불, 곤충의 대발생 등으로 인해 식물이 줄어드는 갈색화 현상(forest browning)이 일어나기도 한다.

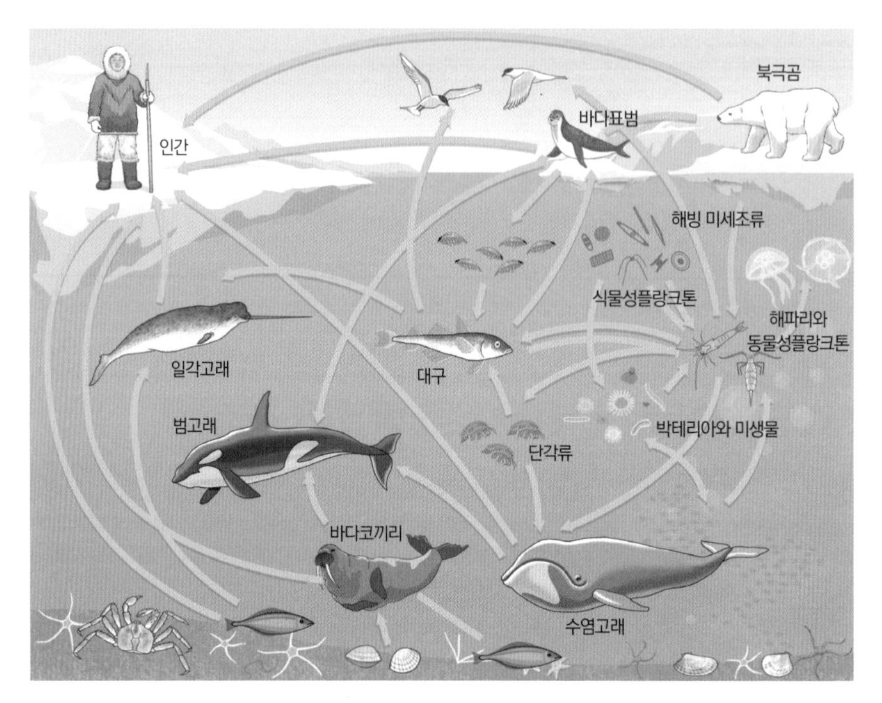

북극해에서 살아가는 원주민과 해양생물들의 먹이그물

북극에서는 눈이 오는 시기도 달라지고 있다. 봄에 눈이 일찍 녹고 가을에 눈이 늦게 쌓이기 때문에 눈에 덮여 있는 기간도 짧아진다. 북극은 지역에 따라 차이는 있지만 매년 8~10개월 동안 눈에 덮여 있다. 그런데 지난 1972~2009년 동안 북극에서 눈이 덮여 있는 기간이 매 10년마다 평균 3.4일 감소했다. 또한, 인공위성 기록이 시작된 1979년부터 눈에 덮이는 면적은 매 10년마다 17.8% 감소했다. 이런 변화가 북극생물에게 어떤 영향을 줄까?

눈은 온도가 잘 전달되지 않아 찬 공기를 막아주는 보온 효과가 있는 반면 햇빛을 통해 들어오는 에너지를 반사시키기도 한다. 눈이 덮인 곳은 나그네쥐와 같은 북극 초식동물에게 중요한 생활공간이다. 나그네쥐는 눈 속에서 대량으로 번식할 수 있는데, 이것은 툰드라 먹이 사슬에 매우 중요하다. 눈 위에 비가 와서 얼어붙으면, 눈 속에서 먹이를 찾아야 하는 순록이나 나그네쥐, 멧닭 같은 초식동물은 곧바로 개체수가 줄어든다.

한편, 대기 중의 이산화탄소가 많아지듯이 북극해 해빙이 줄어들면서 바다에 녹아들어가는 이산화탄소의 양도 많아지고 있다. 이로 인해 바닷물의 pH가 낮아지고, 이런 해빙의 감소와 해양 산성화는 해양 생태계에 직접적인 영향을 준다. 해빙의 아래쪽에 규조류를 비롯한 미세조류가 있어 동물성플랑크톤의 먹이가 된다. 동물성플랑크톤은 다시 대구의 먹이가 되고 대구는 고리무늬물범의 먹이가 되고 고리무늬물범은 북극곰의 먹이가 된다. 그런데 해빙이 줄어들면서 해빙에서 살아가는 미세조류가 줄어들고, 일차생산자의 감소는 해양 생태계의 먹이그물을 타고 올라가면서 영향을 주고 있다.

북극의 기온이 높아지고 동토가 녹으면 툰드라는 점점 사라지게 된다. 북극이 각 대륙의 가장자리에 있다 보니, 타이가 생물이 북상하고 해수면 상승으로 해안선이 침식되면서 바닷가에 있는 동토가 녹아서 무너져 내려가고 있다.

지구 온난화로 북극이 변하면, 북극은 다시 지구 온난화에 영향을 줄 수 있다. 일종의 피드백인 셈이다. 북극에는 습지가 많은데, 유기물이 쌓인 습지는 온실 기체인 이산화탄소와 메탄의 저장고이다. 온실기체는 지구를 따뜻하게 만들기 때문에 북극 동토와 습지에 얼마나 많은 유기물이 있는지, 이 유기물이 얼마나 빨리 분해되고 있는지 과학자들이 연구 중이다.

북극은 변하고 있다. 이런 변화가 북극 생태계와 거주민, 그리고 중위도 지역을 비롯한 지구 전체에 어떤 영향을 줄지 지금은 대답하기 어렵다. 이것이 우리가 북극에 관심을 가져야 할 이유 중 하나이다.

⌖ 북극의 원주민과 북극 탐험

이유경

북극은 오래 전부터 상상력의 보물창고였다. 기원전 그리스인들에게 이미 북극은 "여름에 해가 지지 않고 겨울에 해가 뜨지 않는 곳", "북방인이 살고 있는 곳"으로 알려져 있었다. 16세기 유럽, 대항해의 바람은 북극을 향해서도 불었다. 북극 탐험은 대중의 관심을 받게 되었고, 북극 탐험을 통해 사람들은 인간의 한계를 넘어섰다는 자신감을 갖고 지적인 호기심을 채울 수 있었다. 한편, 유럽에서 동양까지 북극을 지나는 항로를 개척하려는 사람도 나타났다. 이것은 지구상의 마지막 무역로를 개척하는 탐험이었다. 어떤 탐험가들은 명예나 경제적인 부의 축적을 추구했고, 어떤 이들은 탐험기를 책으로 펴냈다. 사람들은 북극에서 물개와 고래를 잡았고, 다른 사람들은 금광을 찾았다. 요즘은 북극에서 석유와 천연가스를 개발한다. 복잡하고 다양한 인간의 욕구에 따라 북극은 점차 그 모습을 드러내고 있다.

북극을 지켜온 원주민들

북극은 원래 거주민이 있는 곳이다. 기원전부터 이미 북극에 사람이 살았던 흔적이 남아 있다. 고고학자들은 그린란드 남부에서 기원전 2500년부터 사람이 살았던 증거를 찾았다. 사콱(Saqqaq)인으로 알려진 이들은 기원전 800년경 그린란드에서 자취를 감추었다. 2010년에 그린란드 서부에서 냉동상태로

1890년 그린란드 우페르나빅의 풍경 (출처: 위키미디어)

발견된 4000년 전 사콱인의 유전체를 분석해 보니 이들이 현재 그린란드 거주민의 조상은 아닌 것으로 밝혀졌다.

기원전 500년경부터 1500년까지 북아메리카 북극지역에 널리 퍼져 있던 도싯 문화(Dorset culture)는 현재의 이누이트(Inuit) 조상들이 이주하기 전에 북극에서 마지막으로 번성한 문화로 알려져 있다. 이들은 주로 얼음에 구멍을 뚫고 물개와 같은 바다 포유류를 사냥하며 살았는데, 800년경 시작된 중세 온난화로 인해 해빙이 사라지면서 점차 쇠퇴 길로 접어든 것으로 보인다. 이들이 쇠퇴하면서 툴레(Thule)인들이 세력을 넓혀갔는데, 이들이 현대 이누이트의 직접 조상이다. 툴레인들은 알래스카와 캐나다, 그린란드 전역에 자리를 잡았다.

현재 북극에 살고 있는 원주민은 매우 다양하나 그중 가장 많은 사람들은 이누이트이다. 이누이트는 캐나다 원주민 말로 '사람'을 뜻하며 주로 캐나

고래의 뼈로 만든 고대 툴레인의 집 유적 (출처: 위키미디어)

다, 알래스카, 그린란드에 거주한다. 캐나다 누나부트 준주에 3만 명, 퀘벡주에 1만 명, 뉴펀들랜드와 래브라도에 8천 명, 알래스카 북부에 3천5백 명, 그리고 그린란드에 4만7천 명이 살고 있다. 이밖에도 유픽족, 사미족, 축치족, 에벤족, 야쿠트족, 네네츠족 등 다양한 원주민이 북극에 살고 있다. 이들은 자신들을 에스키모라고 부르는데, 그 뜻은 흔히들 오해하는 '날고기를 먹는 사람'이 아닌 눈신을 깁는 사람(snowshoe netters)이다. 유픽은 '사람'이라는 뜻이며, 알래스카 서부와 남서부에 있는 유픽 거주지에 약 2만2천 명, 알래스카 남부 해안가에 2천4백 명, 시베리아에 1천7백여 명이 살고 있다. 사미는 노르웨이에 3만8천 명, 스웨덴에 1만5천 명, 핀란드에 9천4백 명, 러시아에 2천 명이 거주하고 있다. 한편, 1977년 이누이트 환극지 컨퍼런스(Inuit Circumpolar Conference)에서 북극 전역에 살고 있는 원주민을 지칭하는 명칭으로 이누이트를 정식 채택하였다. 따라서 북극 원주민을 통칭하여 이누이트라고 부를 수 있다.

이들은 혹독한 북극 환경에 적응하며 간직해온 민족 고유의 언어와 삶의 지

북극 원주민 거주지

1 유픽(Yupik)
2 이누피앗(Inupiat)
3 이누비알루잇(Inuvialuit)
4 누나부트(Nunavut)
5 누나빅(Nunavik)
6 누나트시아부트(Nunatsiavut)
7 칼라알릿(Kalaallit)
8 사미(Sami)
9 네네츠(Nenets)
10 코미(Komi)
11 한티(Khanty)
12 셀쿠프(Selkup)
13 응가나산(Nganasan)
14 돌간(Dolgan)
15 야쿠트(Yakuts)
16 에벤크(Evenks)
17 에벤(Evens)
18 코략(Koryaks)
19 척치(Chukchi)
20 유카거(Yukaghir)

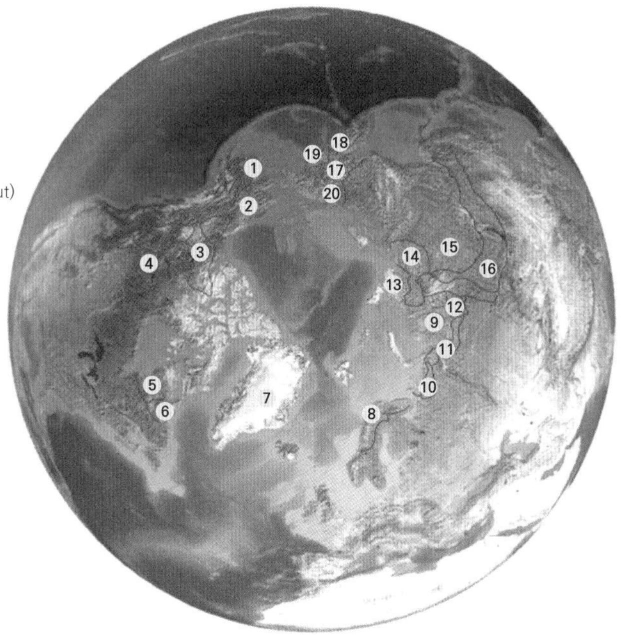

북극 원주민의 이름과 거주지역

혜, 전통 문화와 종교를 가지고 있다. 그러나 교통수단의 발달로 이주민이 들어오고 서구문화가 유입되면서 소수민족들은 서서히 자취를 감추고 있다. 실제로 소수민족과 함께 언어가 사라진 경우도 있다. 북극의 소수 원주민의 소멸을 그대로 지켜보기만 할 것인가.

유럽인, 북극에 발을 딛다.

유럽인들이 북극에 발을 들여 놓은 것은 지금부터 겨우 1000여 년 전의 일이다. 그린란드 빙하와 북반구 나무의 나이테를 분석한 결과 북반구는 800년 후반에서 1100년까지 따뜻했다. 이때 그린란드에 최초로 유럽인이 정착하였다. 이 최초의 정착민은 살인사건으로 고국인 노르웨이에서 추방된 바이킹 "붉은 에릭(Erik the Red)"이었다. 그가 도착한 미지의 땅은 빙하 사이로 초원이 펼쳐져 있었고 물개와 바다코끼리, 그리고 물고기가 풍부했다.

에릭은 이 땅을 그린란드라고 이름 붙이고 아이슬란드에서 이주민을 모집했다. 985~986년경 에릭과 그의 가족, 그리고 아이슬란드에서 신세계를 찾아 떠난 450명의 사람들은 숱한 고생 끝에 그린란드에 도착했다. 그들은 작은 농장을 만들고 새로운 삶을 시작하였다. 그린란드에 자리 잡은 바이킹은 1100년대 후반까지 융성하여 거주민이 약 3천 명이 넘기도 했다. 그러나 소빙하기가 오면서 날씨가 추워지고 유빙이 두터워졌다. 가축이 긴 겨울을 나기가 점점 어려워지고 유럽에서 물자를 싣고 오는 배들이 줄어들면서 그린란드는 살기 힘든 곳이 되었다. 기후가 변하자 북극 원주민인 툴레인이 따뜻한 곳을 찾아 그린란드 남쪽으로 이동하였고 여기서 살던 바이킹과 만나 자주 충돌하게 되었다. 결국 북극에 정착했던 바이킹은 1500년대에 그린란드를 완전히 떠나고 말았다.

북극점 탐험에 도전한 사람들

'북극은 대륙인가 아니면 바다인가?' 이를 두고 많은 논쟁이 있었다. 그 답을 찾기 위해서는 북극점을 확인할 필요가 있었다. 자넷호 잔해가 북극을 가로질러 그린란드 남서 해안에서 발견되었다는 소식을 들은 노르웨이 탐험가 프리드쇼프 난센(Fridtjof Nansen)은 놀라운 가설을 세운다. 자넷호는 북위 77도 시베리아 앞바다에서 산산조각이 났다. 이 배의 잔해가 그린란드 남쪽에서 발견되었다는 것은 북극을 가로질러 여기까지 흘러왔기 때문이라는 가설을 세운 난센은, 얼음의 압력에 견딜 수 있는 배를 만들어 얼음에 갇히게 되면 북극 얼음을 따라 항해할 수 있을 것이라는 그림을 그린다. 만약 북극이 바다라면

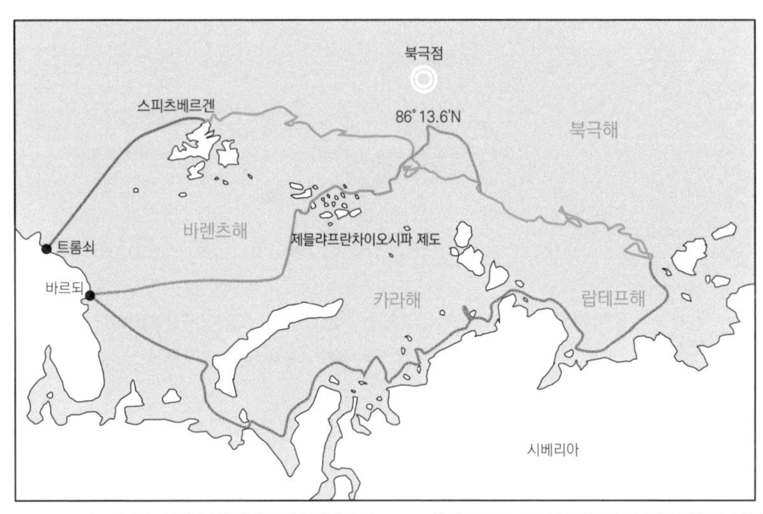

— 1893년 7월부터 9월까지 북극해 얼음에 들어가기 위해 시베리아 해안을 따라 랍테프해로 간 경로

— 초록색 선은 1895년 2월부터 1896년 6월까지 난센과 요한센이 북극점 탐사를 했던 길

— 1893년 9월부터 1896년 8월까지 프람호가 북극해 유빙에 갇혀서 랍테프해에서 스피츠베르겐까지 이동한 경로

— 난센과 요한센이 1896년 8월 바르되 돌아온 경로

— 1896년 8월까지 프람호가 트롬쇠로 항해한 경로

1893~1896년 난센의 프람호 원정 경로를 보여주는 북극해 지도 (출처: 위키피디아)

얼음에 갇힌 배를 타고 북극점을 지날 수 있을 것이라는 게 그의 생각이었다. 얼음에 부서지지 않도록 특별히 제작한 프람호는 유빙에 포위되어 1893년 9월부터 1896년 8월까지 만 3년간의 탐험을 통해 북위 84도까지 도달했다가 트롬쇠로 돌아왔다. 프람호가 더 이상 북쪽으로 이동하지 않는다는 것을 깨달은 난센은 요한센과 프람호에서 내려 따로 북극점 탐사에 나서 마침내 북위 86도까지 갔다가 구사일생으로 1896년 8월 돌아왔다. 난센은 비록 북극점까지 가지는 못했지만, 북극이 육지가 아니라 바다라는 것을 처음으로 밝혔다.

북극에서 축적한 경험과 에스키모에게 배운 생존방식으로 무장한 미국의 로버트 피어리(Robert Peary)는 1909년 4월 북극점에 도달했다고 확신

아문센이 북극점 탐험에 사용한 비행선 노르게 (출처: 위키피디아)

하였다. 한때 피어리와 그린란드 탐사를 함께 했던 미국의사 프레더릭 쿡(Frederick Cook)은 자신이 피어리보다 한 해 앞선 1908년 4월 21일 북극점에 도착했으나 북극 데본섬에서 겨울을 지내야 했기 때문에 1909년이 되어서야 기지로 돌아왔다고 주장했다. 훗날 쿡의 주장은 거짓으로 밝혀졌으며, 피어리가 최초로 북극점에 도달한 것으로 인정되었지만, 아직도 논란은 남아 있다. 한편, 아문센(Roald Amundsen) 탐험대는 비행선 노르게에서 북극점을 내려다 보았는데, 1926년 5월 12일의 일이었다.

우리나라는 1991년 오로라 탐험대의 최종렬, 신정섭 대원이 대한민국 최초로 북극점에 도달했고, 1995년 허영호 대장이 이끄는 한국북극해횡단 탐험대가 북극점을 지나 도보로 북극해를 종단했다. 2005년 박영석 대장의 북극점 원정대가 북극점 도달에 성공했고, 2012년 홍성택 대장과 한국 탐험대가 세계 최초로 베링 해협 횡단에 공식적으로 성공했다.

그들이 북극에 간 이유

1700년대에 이미 북극은 모피 무역업으로 수많은 사냥꾼의 활동 무대가 되었다. 털가죽물개 사냥이 시작된 지 불과 40년 만에 털가죽물개가 멸종 위기에 처했고, 털가죽물개 사냥이 어려워지자 이번에는 코끼리해표를 잡아들이다가 이것마저 줄어들자 다음으로 고래 사냥이 시작되었다. 포경업은 17세기 이후 300년 동안 스피츠베르겐을 기반으로 번성했고 1982년 국제포경위원회가 상업포경을 중지시킬 때까지 긴수염고래, 혹등고래, 흰긴수염고래, 향유고래를 잡았다. 이밖에도 북극 주변 베링해와 노르웨이해, 그린란드 주변 해역에서는 명태, 대구, 넙치, 대게(킹크랩), 북방새우 어업이 활발했다. 우리에게 탐험가로 알려진 로버트 피어리도 실제로는 북극 모피와 일각고래의 상아, 해마이빨 장사를 하였다.

1897년 9월 31일 피어리는 그린란드 동북부 잉글필드만 남쪽 해안에 있는 이티들레크에 살던 키수크와 그의 막내아들 미닉을 포함한 여섯 명의 원주민을 뉴욕으로 데려온다. 이들은 미국자연사박물관에서 살아 있는 전시물이 되었고 폐렴을 앓다가 네 명이 죽어갔다. 1898년 2월 미닉의 아버지 키수크가 일곱 살 된 미닉을 남겨두고 갑자기 죽었다. 고아가 된 미닉은 그린란드 고향으로 돌아가지 못했고 박물관 직원의 양자로 들어가 미국인으로 길러졌다. 미닉은 장례식까지 치른 아버지가 사실은 땅속에 편히 묻혀 있지 않고 박물관에 전시되어 있다는 것을 알게 된다. 가짜 장례식을 치른 뒤 시신을 해부용으로 사용하고 유골은 전시하였던 것이다. 1907년 『뉴욕 월드』지에는 미닉이 자기 아버지의 유골을 돌려달라고 요구한다는 기사가 실렸다. 그러나 수납번호 '99/3610'이라는 표시와 함께 박물관 상자 속에 들어 있던 네 명의 유골이 그린란드로 돌아오는 데는 더 많은 시간이 필요했다. 1993년, 뉴욕 땅을 밟은 지

북극해의 첫 천연가스 개발 사업인 러시아의 '야말 LNG 프로젝트' 현장의 가스 저장 탱크에 눈이 쌓여 있다. 이 사업은 러시아, 프랑스, 중국이 합작하고 있다. (출처: 노바텍)

거의 백년 만에 그린란드로 돌아온 이들은 카나크 산중턱에 있는 공동묘지에 묻혔다.

이제 북극을 찾는 사람들은 모피 대신 북극의 자원을 찾고 있다. 미국지질조사국에 따르면 북극해에는 몇 개의 분지가 있는데 여기에는 세계 원유와 천연가스의 약 22%가 매장되어 있는 것으로 추정된다. 알래스카에는 북미 최대 유전으로 매장량이 250억 배럴에 이르는 프루도만(Prudhoe Bay) 유전과 북미에서 두 번째로 넓은 유전으로 하루에 약 23만 배럴의 원유가 생산되는 쿠파룩 유전이 있다. 러시아도 북극에서 활발하게 원유와 천연가스를 개발하고 있다. 야말로-네네츠 자치구에는 러시아 최대 유전인 루스코예 유전과 2007년부터 천연가스를 생산하고 있는 베레고보예 유전이 있다. 크라스노야르스크 지방에는 2009년부터 원유를 생산하는 반코르 유전이 있는데, 이 유전은 러시아 국영 원유회사인 로스네프트사가 운영하며 러시아 최대의 산업 프로젝트 중 하나이다. 2013년부터 시작된 러시아 야말 LNG 프로젝트는 이제 본격적으로 액화천연가스 생산에 나서고 있다.

한편, 북극은 다양한 광물의 생산지이기도 하다. 알래스카의 레드독 아연 광산과 포트녹스 금광, 캐나다의 버핀랜드 철광산과 다이빅 다이아몬드 광산, 스발바르 바렌츠버그의 석탄 광산 등이 유명하다. 그린란드도 자원개발의 기지개를 펴고 있다. 금, 은, 루비, 사파이어, 텅스텐, 아연, 구리, 납, 철, 니켈, 몰리브덴[01], 희토류[02]를 채굴중이거나 개발을 기다리고 있다. 그린란드 정부는 그린란드 국영기업인 누나오일이 있지만 광물석유국(Bureau of Minerals and Petroleum)을 통해 원유와 천연가스 탐사 라이센스를 외국기업에 제공하고 있다. 이미 덴마크를 비롯한 일본, 미국, 영국, 중국, 호주 등의 기업이 다양한 그린란드 자원 탐사 또는 개발에 참여하고 있다.

혹독한 환경과 겨울에는 밤만 계속되는 극야로 인하여 북극에서의 탐사 기간은 여름으로 제한되지만, 기후변화로 인하여 해빙과 빙하가 녹으면서 점차 북극은 21세기 자원 개발의 각축장으로 변하고 있다.

북극의 과학 탐사

19세기부터 과학자들의 북극 탐사도 활발해졌다. 1882~1883년 '국제 극지의 해(International Polar Year)'에 세계 11개국이 참여하여 북극을 연구하였고, 1908~1918년 빌헬머 스테판슨(Vilhjalmur Stefansson)은 북극 지도를

---

01 몰리브덴: 몰리브데넘이라고도 불리는 은백색의 광택이 나는 금속이다. 식물의 질소 동화 작용이나 산화 환원 효소의 촉매 작용에 중요한 원소이다. 특수강의 합금 재료나 전자기 재료, 내열 재료 따위로 쓴다.

02 희토류(REE: Rare Earth Elements): 희토류는 란탄 계열 원소 15개와 이트륨, 스칸듐 총 17종류의 화학원소의 부르는 말이다. 이들 원소는 서로 비슷한 화학적 성질을 갖고 있으며, 스마트폰과 디스플레이, 자동차 배터리, 디지털 카메라 등에 사용되고 있다.

북극권인 스웨덴의 키루나 교외에서 촬영한 오로라 (© 김동훈)

제작하였다. 1932~1933년 제 2차 '국제 극지의 해' 관측이 이루어졌다. 총 44개국이 참여한 제 2차 국제 극지의 해 탐사에서는 지구의 전기적 특성을 규명하고자 지자기, 오로라, 기상 현상 등을 집중 관측하였고 총 40개의 상설 관측기지가 북극에 설립되었다.

제 3차 '국제 극지의 해'는 1957~8년에 '국제 지구물리의 해(International Geophysical Year)'라는 이름으로 수행되었다. 당시 과학자들은 대륙으로 이루어진 남극에 집중하여 남극 빙하 그리고 대기와 해양의 역학에 대한 빙하의 중요성 등을 집중적으로 연구하였다. 2007~2008년에 이루어진 제 4차 '국

제 극지의 해' 탐사에서는 우리나라를 비롯한 전 세계의 63개국이 참여하여, 약 220개 연구 프로젝트를 수행하였다. 2009년 「네이처(Nature)」지는 '국제 극지의 해가 주는 교훈' 네 가지를 강조했다. 즉, 극지 데이터의 필요성이 증가하고 있으므로 '국제 극지의 해'에서 얻은 지식을 최대한 활용해야 하며, 극지 정보는 특히 정책 입안자에게 유용하다는 것이다. 또한, 현재 경제위기 속에서도 극지 연구는 계속되어야 하며, 극지방에 대한 새로운 국제 규범이 필요하고 특히 북극과 관련해서는 북극 인근 국가 미국, 러시아, 유럽, 캐나다, 덴마크, 노르웨이 등이 지정학적으로 협력할 필요가 있다는 것이다.

수세기 동안 수많은 사람의 도전과 희생을 통해 이제 북극은 그 모습을 우리에게 드러내고 있다. 인류의 도전정신이 살아 있는 한 북극 탐험은 계속될 것이며, 북극을 이해하기 위한 과학 탐사도 그 걸음을 멈추지 않을 것이다.

* 이 글은 극지 탐구 시리즈 1권 극지와 인간 〈북극점 탐험의 진실-누가 진짜로 북극점에 먼저 갔을까?〉와 〈북극을 지켜 온 사람들, 북극을 이용하는 사람들〉에 실렸던 글을 다시 정리한 것이다.

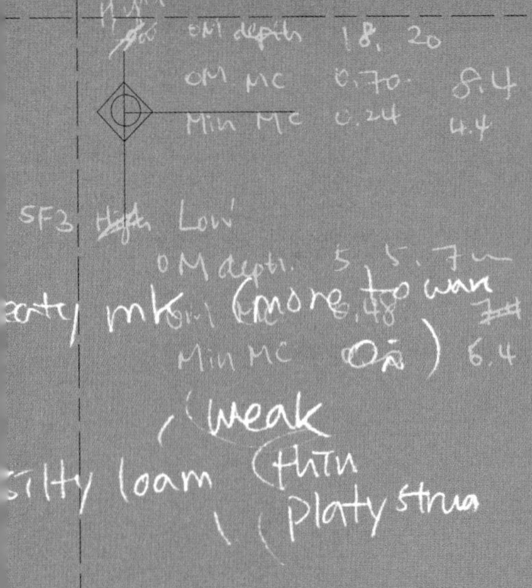

과학적 리더십이 필요하면 스콧을 부르고 신속한 정복을 바란다면 아문센을 불러라. 하지만 절망적 상황에서 길이 보이지 않을 때 나는 섀클턴을 보내달라고 기도할 것이다.

레이먼드 프리슬리(Raymond Priestley, 1886-1974)

제2부 북극 다산과학기지

© 황영심

⌖ 육지 빙하가 사라지면

정지영

스발바르 제도에서 식생과 토양연구를 시작하다

기후변화로 인해 내륙 빙하가 녹고 있고, 빙하가 후퇴하고 있다는 이야기를 들은 것은 아주 오래전부터이지만, 그 실체를 본 것은 극지연구를 시작한 2011년이 처음이었다. 식물생태학 공부를 통해 시간에 따른 식물 천이 연구지로 가장 좋은 곳 가운데 하나가 빙하후퇴지역이라는 것을 배웠기에 적절한 연구지를 찾고 있었다.

마침 스발바르 제도의 다산과학기지 근처에는 빙하가 빠르게 사라지고 있는 중앙로벤빙하(Midtre Lovénbreen)가 있었다. 다산과학기지에 도착한 다음날 바로 북극곰 출현에 대비한 총기훈련을 마치고 이튿날부터 총을 메고 실제 빙하가 가장 먼저 후퇴한 지점에서부터 올해 여름을 지나면 또 녹아 없어질 빙하 가장자리까지 현장조사를 했다. 직선거리로는 약 2킬로미터 남짓이지만 바위와 돌이 쌓인 언덕이 많고 녹은 빙하수가 흐르는 하천을 건너며 오르락내리락하며 걷는 거리는 훨씬 멀고 힘들었다. 하지만 빙하후퇴지의 식생과 토양 표면의 변화를 직접 느낄 수 있었다.

빙하후퇴시기가 그리 오래되지 않은 100년 남짓이라서 그랬을까... 짧은 거리 간격에서는 아주 확연한 차이가 보이는 것은 아니었고, 차이가 있다고 해도 그 지역에서 균일하게 보이지는 않았다. 현장조사를 마치고 돌아와서 이 지역

하늘에서 바라본 중앙로벤빙하 전경 (© 이유경)

에 대한 집중적인 문헌조사를 시작했다. 프랑스의 한 연구팀이 이 빙하후퇴지역의 300개의 지점에서 식생조사를 하여 식생지도를 작성한 논문을 발견했다. 빙하후퇴지역에서 식생 발달은 연대 이외에 하천의 범람 활동, 미세 지형 또한 큰 영향을 미친다는 내용의 논문이었다. 아! 정말 무언가 머리를 딱 때리고 가는 느낌이었다. 지금까지 빙하후퇴지역에서는 대상조사(line transect)연구가 가장 일반적이었다. 빙하후퇴시점으로부터 현재까지 아무런 교란을 받지 않은 지점을 선정하여, 그 지점이 연대를 대표할 수 있도록 샘플링하는 것이 가장 일반적인 방법이었고, 나 또한 그렇게 토양연구를 하려고 계획 중이었던 것이다. 식생과 토양 발달에서 시간이란 여러 환경인자들 중의 하나인 것이고, 그 이외의 다양한 환경인자를 함께 고려해야만 전반적이고 제대로 된 생태계 발달을 반영할 수 있는 것 아니던가!

그때부터 이 연구를 진행했던 연구자에게 연락을 시작했다. 그런데 제1저자이자 교신저자였던 모로(Moreau) 박사의 행방이 묘연했다. 메일을 보내도

답장이 없었다. 정말 스토커처럼 모로 박사의 기록을 검색했었다. 논문은 영어가 아닌 프랑스어로 되어 있어 찾기는 더 힘들었다. 모로 박사가 졸업했던 실험실로도 전화를 걸었으나, 모른다고 하거나 지금은 여기에 없다는 말밖엔 들을 수가 없었다. 결국 모로 박사에게 연락하지 못하고, 공저자들의 이메일 주소를 찾아 다시 또 메일을 보냈다.

지성이면 감천이라지! 드디어 어느 날 공저자 중의 한 명인 도미니크 라플리(Dominique Laffly) 교수의 답장을 받았다. 뜻밖에 모로 박사의 근황을 자세히 전해준다. 안타깝게도 모로 박사는 학위 받을 때 했던 일들을 계속 하지 못하고 있다고. 그리고 한마디 더. 모로 박사가 자신의 아내라고! 와!! 이런 우연이... 또한 라플리 교수가 지리정보학 분야를 담당하고 있고, 북극지역 현장조사 경험이 아주 많으신 분이었다. 300지점의 식생조사를 했던 2003년의 자료를 바탕으로 중앙로벤빙하후퇴지역의 토양 유기물 발달에 관한 연구를 함께 하자고 논의를 하였다. 과거 자료 확인 작업 및 현장조사 계획을 세우고, 드디

다산과학기지에서 현장 탐사 결과를 검토하고 다음 날 계획을 논의하는
라플리 교수, 르 니르 교수, 필자와 닐센 교수 (© 황영심)

어 3년 후인 2014년 라플리 교수와 컴퓨터과학자인 르 니르(Le Nir) 교수, 식물 조사를 맡을 트롬쇠 대학의 닐센(Nilsen) 교수, 그리고 극지연구소의 나와 연구원 두 명이 7월 한 달간 현장조사를 하게 되었다.

슬러시로 변한 눈밭의 행군도 시련의 시작일 뿐

7월이면 아무리 북위 79도인 뉘올레순지역이라도 지면에는 눈이 다 녹는다. 그런데 2014년은 유난히 늦게까지 추워서 우리가 도착했던 7월 초에는 기지 주변부터 모두 새하얗게 눈으로 덮여 있었다. 토양 샘플링을 하고 식물조사를 하려면, 최소한 지표에 쌓인 눈은 녹아야 하는데…. 우리가 계획한 시간은 정해져 있고, 눈이 녹지 않아 샘플링을 시작조차 못하니 초조하기만 했다. 기지 주변이 녹진 않았지만, 중앙로벤빙하후퇴지역의 해안가 쪽은 눈이 조금 녹았을지도 모른다는 생각이 들어 현장에 가서 상황을 판단해 보기로 했다. 기지

코벨기지에서 마를린 교수와 우리 일행. 이때까지는 몰랐다. 앞으로 다산 과학기지로 돌아가는 길이 얼마나 험난할지를.

에서 현장 근처 해안까지 보트를 타고 이동하면 10분인데, 걸어서 가면 한 시간 정도 걸린다. 그래. 보트를 타고 가서 올 때는 근처를 둘러보며 걸어서 돌아오기로 하고 호기롭게 길을 나섰다. 혹시 모르니, 장화도 챙기고.

보트에서 내려 가까이에 있는 코벨기지에 먼저 들렀다. 코벨기지는 뉘올레순으로부터 6킬로미터 떨어진 곳에 위치하고 있고, 프랑스에서 뉘올레순에 위치한 기지 이외에 추가로 운영하고 있는 기지이다. 코벨기지는 빙하 또는 바로 앞 피오르드 연구를 하는 연구자들이 머물며 뉘올레순까지 왕복하는 수고로움을 덜 수 있는 곳이다. 대신 음식은 연구자들이 직접 해먹어야 하는 단점(?)이 있지만... 우리도 이곳에 머물며 보트 운행의 어려움을 줄여볼까 사용신청을 했으나, 결국 허락받지 못했다. 그래서 코벨기지에서 무작정 노크하고 들어갔는데, 우연히도 라플리 교수의 오랜 친구였던 마를린(Marlin) 교수 일행을 만나 따뜻한 차와 직접 구워준 치즈케이크까지 맛있게 먹었다.

하트 모양으로 남은 눈

1. 7월인데 이렇게 눈에 푹푹 빠지며 걸을 줄이야! 2. 다산과학기지로 돌아오는 길 (© D. Laffly)

코벨기지 근처는 그나마 눈이 많이 녹아서 꽃들도 많이 피어 있었다. '그럼 어디까지 녹았는지 현장 상황은 판단해야지'하며, 눈이 쌓인 중앙로벤빙하후퇴지역을 걸어 다녔다. 꽃 사진을 찍고, 하트모양의 눈 사진도 찍고, 눈 위를 뒹굴어보던 여유는 십여 분만에 끝났다. 헉, 한 연구원의 장화가 물이 샜다. 비닐로 장화 안을 감싸고 다시 걷기 시작했다. 그런데 기지로 돌아가는 길에 쌓인 엄청난 눈이란. 모든 사람의 장화에 눈이 들어오고 비닐로 감싸는 것도 아무 소용이 없었다. 눈의 높이는 무릎 위를 넘었고 겨울에서 봄으로 변하는 시점이라 눈은 슬러시 상태가 되어 한 발짝 내딛는 것이 어찌나 힘들던지…. 한걸음 내딛으면, 장화 안으로 눈과 녹은 물들이 들어오고, 들어온 눈들은 내 발의 온기로 다 녹아 버렸다. 어찌나 차갑던지! 장화 안이 차가운 0도의 물로 채워진 상태로 걸어야만 했다. 그때가 지금까지 필드 경험에서 가장 힘들었던 시간 중의 하나였다. 몸이 힘드니, 모든 사람의 신경 또한 곤두서게 되고…. 아, 정말 후회되었다. '10분만 보트를 타면 돌아올 수 있는 거리인데, 한 시간 반 동안 눈밭에서 꽁꽁 언 발로 행군을 해야 하다니…. 내가 왜 상황도 잘 모르면서 공연히 걸어오자고 했던가!' 이런 후회를 계속하며 기지까지 걸어왔다.

그렇게 현장에 다녀온 지 3일 후, 서서히 눈이 녹았다. 녹는 지점 샘플링이라도 시작하자고 배낭을 짊어지고 다시 길을 나섰다. 르 니르 교수는 현장에서 나온 데이터를 이용하여 바로 클라우드 컴퓨팅 시스템을 이용하여 예측하고, 그 다음 날 예측치에 결과값으로 다시 모델링, 예측, 결과 검증 등을 하기 위해 함께 왔다. 그런데 현장에서 데이터를 생성하여 확인할 수 있는 자료가 제대로 나오지 않자 생전 현장조사 한번 해보지 않았던 르 니르 교수까지 합세하여 토양 샘플링을 도와주었다. 40센티미터 깊이까지 토양을 채취하는데, 빙하후퇴지역엔 토양 발달이 잘 되지 않았고, 토양보다 돌이 더 많아 샘플링하기 힘이 들고 시간도 많이 걸렸다. 게다가 토양의 가밀도(수분이 없는 토양 무게/부피)를 알아야만 토양 유기탄소 저장량을 계산할 수 있는 법. 토양의 부피를 측정하기 위해서 항상 2~3킬로그램 분량의 모래주머니를 짊어지고 다녔다. 또한 토양 부피 측정은 파낸 총 구덩이의 부피에서 돌의 부피를 빼주어야 하기 때문에, 돌의 부피 측정을 현장에서 바로 하지 못하므로, 구덩이에서 나온 모든 돌이 필요했다. 무게/부피 측정 이외엔 아무 쓸모없는 돌일지라도 빼내지 못하고 다 짊어지고 다녀야하니, 결국 하루 샘플링이 끝난 후엔 모든 사람이 20~30킬로그램의 배낭을 짊어지고 기지에 돌아왔다.

참으로 신기한 건 국적과 상관없이 현장조사하는 사람들은 다 착하다는 것이다. 서로 더 많이 짐을 짊어지겠다고 시료 하나라도 본인 가방에 넣으려고 토닥이고, 조금이라도 먼저 조사가 끝나는 사람은 시료를 먼저 해안가까지 옮겨다놓고 다시 올라와 나머지 시료를 또 나눠 지고 내려갔다. 함께 현장조사를

현장조사 하러 가는 길. 가운데의 라플리 교수가 메고 가는 것은 GPS 보다 정밀하게 위치를 확인해 주는 장비로 10년 전에 식생을 조사했던 지점을 찾는데 사용했다. 노란 깃발은 토양 샘플링 할 지점을 표시할 때 사용했다.

선정된 위치에서 토양시료를 샘플링하고 있는 필자와 우리 연구원들 (© 한동욱)

깊이별로 토양 샘플링을 하느라 접이식 자를 사용했고, 암석이 많아서 샘플링 하는데 어려움이 많았다.

한 우리 드림팀 멤버들에게 정말 고마웠다. 이렇게 다 같이 열심히 샘플링을 했지만, 토양 부피 측정에 시간이 너무 오래 걸리고 샘플링 또한 그렇게 속도가 나지 않아 하루에 4~5지점만 가능했다. 출발 전 계획했던 100지점 이상의 샘플링은 하루 조사를 마치고 바로 불가능하다는 사실을 깨닫고, 다시 통계 방법을 이용하여 토양 샘플링 지점의 위치와, 숫자를 45개로 조정할 수밖에 없었다.

현장에서 하루 종일 무거운 짐을 짊어지고 기지로 돌아오지만, 그것이 끝은 아니었다. 토양 미생물 다양성을 분석하는 팀은 샘플링 직후 각종 고정액에 넣어 처리했고, 나는 토양을 최대한 건조하여 생물학적 활성이 없는 상태로 만들었다. 이렇게 토양을 처리하고 다음날 샘플링 준비를 완료하고 나면, 이내 새벽 2~3시가 되어버렸다.

고난을 넘어야 새로운 연구 결과도 나온다

이 외에도 2014년 7월 한 달간 뉘올레순 과학기지촌에서 지내며 많은 에피소드가 있다. 배를 타고 기지로 돌아와서 짐을 나르다가 총을 바닷물에 빠뜨렸다. 다행히 잠수부를 섭외하여 총을 건져냈는데 기지촌 관리회사인 킹스베이에 보고하기도 전에 좁은 과학촌에서 소문은 무성히도 빨라, 킹스베이 직원이 나를 보고 총기 교환해 줄 테니 가지고 오라고 했다. 또한, 우리가 샘플링 했던 지역에서 멀리 떨어지지 않은 섬에 북극곰이 출현했다는 정보를 확인한 후, 돌아가는 길에 멀리서나마 북극곰과 처음으로 조우하기도 했다.

또 하루는 토양시료를 말리기 위해 공동실험실인 마린랩의 건조기를 사용하려고 갔는데, 해양에서 채취한 시료들이 먼저 오븐 안에 있어, 토양시료가 떨어지며 오염되는 것을 막고자 위쪽 칸으로 옮기려 했는데, 건조기의 강한 바람이 해양시료를 날려 다 뒤섞여버린 적도 있다. 누군가의 많은 노력이 들어간 논문시료가 나로 인해 이렇게 망쳐지게 되었다는 미안한 마음에 하루 종일 마음이 불편했다. 연구자를 찾기 위해 동분서주했고, 다음날 샘플링을 떠나며 내 마음을 다 담아 장문의 편지글을 남겨놓았었는데, 그 시료의 주인인 독일 박사과정 학생이 솔직하게 이야기해 주어 정말 고맙다고 했다. 덕분에 기지촌에서 또 하나의 인연이 되어 독일 해양연구팀의 연구에 관한 소개도 듣고 많은 이야기를 나누었다.

이런 좌충우돌 끝에 모든 샘플링을 마쳤고 무려 1톤 가까이 되는 토양 + 자갈 시료를 한국으로 가지고 왔다. 현재 시료의 화학적 분석은 다 마쳤고, 수집된 여러 자료를 이용하여 보다 정확한 토양 유기탄소의 저장량을 분석중이다. 토양 미생물 군집의 경우 같은 팀의 김인철 박사가 연구한 결과에 따르면 빙하

1. 샘플링한 토양시료 2. 시료를 정리하는 모습 (© 황영심)

중앙로벤빙하 후퇴지에서 시료 샘플링을 하는 모습 (© 황영심)

후퇴시기뿐만 아니라, 각 지점의 물리/화학적 특성 또한 토양 미생물의 군집 구조를 결정하는데 중요한 요소로 작용함을 확인하였다.

2016년에는 우리가 얻은 환경인자와 토양 유기탄소 저장량 간의 상관관계가 다른 빙하후퇴지역에서도 적용이 되는지 확인/검증하고, 서로 다른 빙하후퇴지역에서 토양과 식생, 미생물의 천이가 어떤 일정한 패턴을 보이는지 비교 분석하기 위하여 추가로 동로벤빙하(Austre Lovénbreen)와 블룸스트랜빙하(Blomstrandbreen)후퇴지역에서 추가로 샘플링을 했다. 이를 통해 아마 빙하후퇴지역에서 처음으로 연도 이외의 공간 정보, 즉 눈/빙하 녹은 물의 범람, 미세지형, 위성으로 획득한 자료들을 이용한 유기탄소 저장량에 대한 정보를 보여줄 수 있을 것이다.

북극의 환경오염을 막아라!

김기태

쉘 vs 레고의 북극 환경오염 이야기

2014년 10월, 세계적인 장난감회사 레고(LEGO)가 정유회사 쉘(Shell)과의 50년에 걸친 오랜 제휴관계를 종료를 선언했다. 그 주된 배경으로는 그린피스를 비롯한 환경단체들이 2012년부터 북극 유전사업에 적극적으로 참여한 쉘에 대항해 레고 블럭을 이용한 북극 보호 캠페인을 벌였기 때문이다.

1970년대부터 1992년까지 레고는 쉘 로고가 들어간 레고 세트를 팔았고, 2012년부터 쉘은 자사 주유소 고객에게 레고 미니카를 사은품으로 주거나 팔았다. 그런데 쉘이 알래스카에서 석유 탐사를 위한 시추를 시작했고 북극 보퍼트해에서 석유 탐사를 마친 시추선 쿨룩(Kulluk)호가 2012년 마지막날 알래스카 자연보호구역 인근에서 좌초하면서 시추 작업이 중단되었다. 2015년부터 쉘이 북극에서 석유 시추를 다시 시작한다는 계획이 알려지자 그린피스는 레고와 쉘의 제휴를 끊기 위한 서명운동으로 레고를 이용한 동영상을 만들어 배포했다. 쉘의 주유소와 전 세계 관광명소를 배경으로 레고 미니 피규어들이 북극 보호 캠페인을 하는 사진을 올렸고, 우리나라에서도 시청, 광화문 광장, 경복궁 앞에서 미니 피규어들의 북극 보호 사진을 올렸다. 이를 통해 전 세계 100만 명 이상의 사람들이 쉘의 북극 시추 반대서명을 했다. 결국 레고는 쉘과의 기나긴 협력관계에 종지부를 찍게 되었다. 이후 2015년 9월 쉘은 북극 시추 사

전 세계적으로 전개된 쉘의 북극 유전사업 반대운동 (출처: 한국그린피스 홈페이지)

업이 경제성이 맞지 않다는 이유로 북극 환경오염의 논란의 중심에 있던 시추 사업을 전면적으로 중단하였다. 이로 인해 쉘은 환경오염 기업이라는 이미지의 타격과 함께 90억 달러(10조 6600억원)의 엄청난 경제적 타격도 입게 되었다. 쉘의 북극 시추사업 실패는 북극 환경오염 문제에 일반인들이 관심을 가지고 적극 개입했다는 데에 사회적인 의미가 있다.

북극 환경오염 연구에 대한 국제적 관심

북극 환경오염에 대해서는 일반인들만 관심을 갖고 있는 것은 아니다. 북극권 국가들은 정부 차원에서 북극 환경오염 문제를 논의하고 있다. 북극이사회는 북극의 여러 현안에 대해 논의하는 정부 간 협의기구이고 여기에서는 북

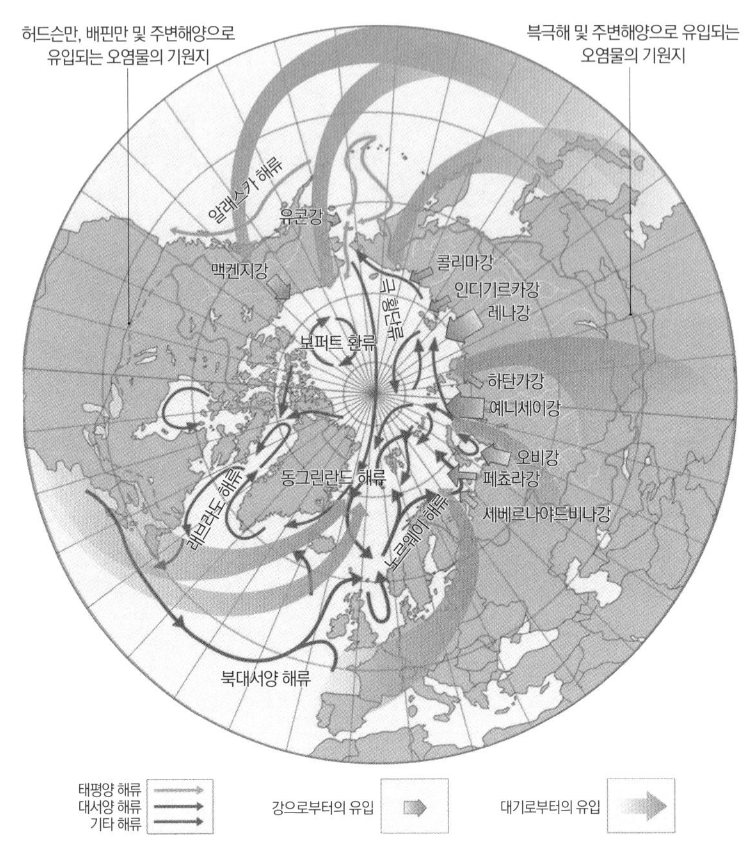

강, 해류, 대기를 통해 북극으로 유입되는 오염물질 경로 모식도
(출처: AMAP Assessment 2002 : POPs in the Artic)

극의 지속가능한 개발과 환경보존에 대한 것이 주로 논의된다. 북극이사회 산하 실무그룹 중에서 북극권 환경오염 문제를 다루는 '북극 모니터링 및 평가 프로그램 작업반'[01]은 북극 오염의 위험성과 이들이 북극 생태계 및 북극권 사

01 북극 모니터링 및 평가 프로그램 작업반 (AMAP, Arctic Monitoring and Assessment Programme): 북극이사회 산하 6개의 워킹그룹중의 하나로 북극 환경오염물질을 지속적으로 모니터링 및 평가하여 오염물질 규제 법제화의 기초자료를 제공

람들에게 미치는 영향을 모니터링하기 위해 창설되었다. 이후 북극에서 이슈가 되고 있는 환경오염 문제들인 잔류성 유기 오염물질(Persistent Organic Pollutants, POPs), 수은과 납과 같은 중금속류, 방사능 오염에 관해 전문적인 보고서를 체계적으로 발간하고 있다. 이를 통해 국제사회 및 북극권 국가들의 환경 오염원 배출에 대해 직/간접적 압박을 가해 이러한 오염물질들이 북극환경에서 점차 사라지는데 큰 역할을 하고 있다. 하지만 이런 노력에도 많은 오염물질들이 북극권에 거주하는 사람 및 상위 영양생물군에서 여전히 매우 높은 농도로 남아 있다.

그리고 요즘 새롭게 신종 오염물질의 북극권 침입이 주목을 받고 있다. 전세계적으로 얼마나 많은 새로운 유기/무기 화학물질이 생겨나는지에 대한 정보를 제공하는 CAS(Chemical Abstract Service)의 자료에 따르면 2016년 8월 기준 약 1억2천만 개의 화학물질이 등록되어 있고 초단위로 새로운 물질들이 생겨나고 있다. 북극은 상대적으로 인류 개발의 손길이 적게 닿아 인위적인 오염이 가장 적지만 이곳만의 독특한 지리학적, 기후학적, 생물학적 특이성에 의해 인근 국가나 저위도지역에서 발생된 오염물들이 축적되는 장소로 알려져 있다. 이렇게 다양한 화학물질이 북극으로 유입될 수 있어서 이들 신규 오염물질의 북극 잔류 농도 및 생태계에 미치는 영향에 대한 모니터링이 매우 필요하다.

얼음에서 일어나는 오염물질의 독특한 화학반응

북극에서 신규 오염물질에 대한 모니터링이 필요한 이유 중의 하나는 흙이나 물과 같은 환경보다 얼음에서 오염물질의 영향이 더 빨리 그리고 더 심각하게 나타날 수 있기 때문이다. 일반적인 화학반응은 온도가 내려갈수록 반응속

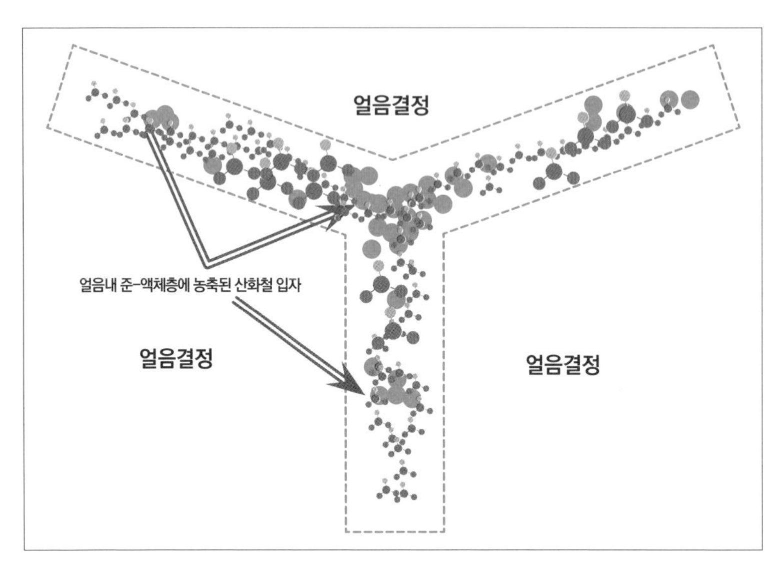

동결농축효과로 얼음 내에 존재하는 얼지 않는 층인 준-액체층에 모여 있는
산화철 입자의 모식도

도가 느려지지만 몇몇 화학반응은 낮은 온도나 얼음 상태에서 반응속도가 폭발적으로 증가한다. 얼음이 얼면 얼음 전체가 고체인 것 같지만, 자세히 들여다보면 얼음은 얼음 결정과 그 주위에 존재하는 얼지 않는 준-액체층(Quasi-Liquid layer, Liquid-Like Layer)으로 나뉘어 있다. 그리고 용액에 존재하던 유기물이나 무기물은 얼음이 얼 때 결정에 포함되지 않고 준-액체층에서 남아서 결과적으로 매우 높은 농도로 농축되는데, 이것을 동결농축효과라고 한다.

이처럼 농축된 준-액체층에서 일어나는 화학반응은 액체 상태나 기체 상태에서 일어나는 화학반응과 확연히 다르다. 일반적인 화학반응은 온도가 내려갈수록 반응속도가 느려지지만, 얼음 위에서의 화학반응은 매우 빠르게 일어날 수 있다. 또한, 반응 경로도 달라져서 액체나 기체 상태의 화학반응과는 전혀 다른 부산물을 만들어 낼 수 있다. 2000년대 초반 체코의 한 과학자는 실험

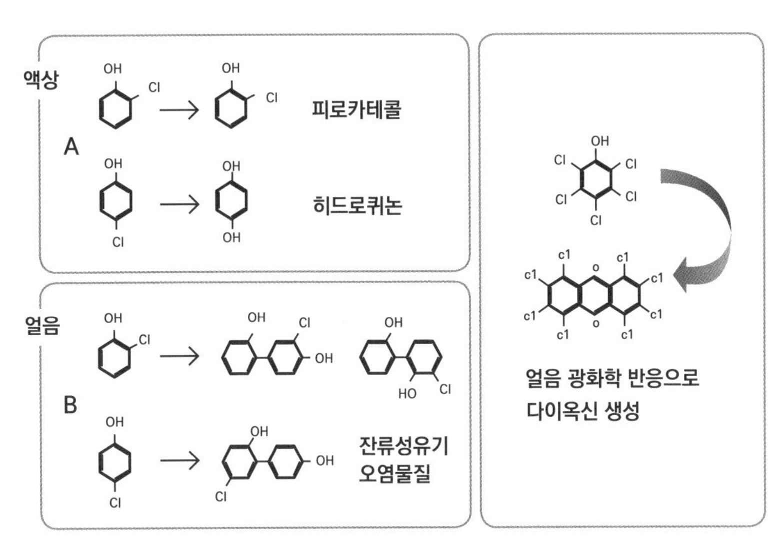

얼음에서 일어나는 화학반응으로 반응물보다 생성물의 독성이 크게 증가하게 되는 경우(출처: Klánová et al. 2003. Klán et al. 2003.)

을 통해 오염물질 중 하나인 염화페놀류(2-chlorophenol, 4-chlorophenol)가 얼음 위에서 독특한 화학반응을 거쳐 훨씬 독성이 강하고 분해가 잘되지 않는 물질인 폴리염화비닐류(Polychlorinated biphenyl)로 바뀐다는 것을 발견했다. 또한, 추가 실험을 통해 같은 염화페놀류인 오염화페놀(Pentachlorophenol)이 얼음 위 화학반응을 통해 지구상에서 가장 독성이 강한 물질 중 하나로 알려진 다이옥신을 만든다는 것을 밝혀 과학계에 주목을 받았다. 지금까지 이런 연구는 실험실에서 만든 얼음 위에서 한 것이다. 그렇다면 얼음으로 뒤덮인 북극에서 이런 화학반응이 일어난다면 북극은, 그리고 우리 지구는 어떻게 될까?

앞에서 밝힌 것처럼 중위도지역에서 만들어진 화학물질이나 대기 오염물질이 강과 바람에 실려 북극으로 모이고 있다. 북극으로 유입된 환경오염물질

1. 다산과학기지 주변에서 해수를 샘플링하는 모습
2. 빙하를 샘플링하는 모습
3. 해양퇴적물을 샘플링하는 모습
4. 이끼를 샘플링하는 모습

의 거동을 제대로 이해하기 위해서는 실험실 안에서의 연구만으로는 한계가 있다. 따라서 우리는 북극 현장에서 어떤 환경오염물질이 있으며 어떤 화학반응이 일어나고 있는지 직접 확인하려고 계획 중이다.

북극의 다양한 환경에 축적된 환경오염물질들은 낮은 온도와 생물 농축으로 높은 잔류성을 나타내는 것으로 알려져 있다. 하지만 북극의 독특한 환경에 존재하는 다양한 환경오염물질이 어떻게 변화하는지에 대한 정보는 매우 부족한 실정이다. 따라서 우리는 어떤 새로운 환경오염물질이 북극으로 유입되고 있는지, 그리고 북극의 환경오염물질들이 어떻게 화학적/생물학적으로 변환되는지를 연구하고 있다. 다산과학기지 주변 콩스피요르덴에서 비표적 스크리닝 분석법(Non-Target Screening Analysis)으로 연구하고 있다. 일반적으로 오염물질을 분석할 때는 분석할 물질 혹은 목적을 정하고 분석을 하는데 비표적 스크리닝 분석법은 일반적인 표적(targeted) 물질 뿐만 아니라, 표적이 아니었던 물질(non-targeted)까지 분석이 가능한 방법이다. 이런 비표적 스크리닝 분석법을 통해서 북극의 다양한 환경과 생물체 내에 잔류하는 오염물질을 정확하게 확인할 수 있다. 연구지역을 콩스피요르덴으로 제한한 것은 노르웨이에서 국제 연구에 필요한 인프라를 구축해 두었고 이 지역을 중심으로 많은 사전연구들이 수행되어 왔기 때문이다. 우리는 얼음에서 일어나는 환경오염물질의 거동을 이해함으로써 극지환경오염 분야에 새로운 분야를 개척하고 북극에 어떠한 환경오염물질들이 새롭게 유입되고 있는지에 대한 정보를 얻고자 한다.

2016년 여름 북극환경오염물질 현장연구

2016년 여름, 우리는 콩스피요르덴 주변의 환경 샘플(빙하, 해수, 토양, 퇴적물, 지의류)을 얻기 위해 다산과학기지로 향했다. 세계에서 가장 위험한 공항활주로 중 하나인 롱이어비엔을 출발해 스발바르의 낮고 짙은 구름을 뚫고 비행기가 뉘올레순 과학기지촌에 착륙했다. 2009년 5월에 학생 신분으로 처음 다산과학기지를 방문한 이후 꼬박 7년 만이다. 그때는 극지방의 일차생산력에 크게 영향을 미치는 철의 생물가용성에 관련된 실험을 위해서 다산과학기지를 방문했었다. 얼음에 갇힌 산화철은 햇빛에 의해 얼마나 많이 생물이 이용 가능한 형태로 바뀌는지 알아보는 실험이었다. 잘 알려졌다시피 극지방 여름철에는 해가 지지 않는 기간이 있다. 그야말로 햇빛을 이용하는 광화학실험을 하기에 최적의 자연실험실인 셈이다. 다른 한편으로는 빛이 계속 있다고 쉬지 않고 광화학실험을 할 수 있어 체력관리에 무리를 줄 수 있기 때문에 스스로 계획을 잘 짜서 실험계획을 짜야 했다. 2009년에는 5월에 방문했는데 그때는 눈도 꽤 많았고 해빙도 제법 깔려 있었다. 그래서 당시에는 주로 스노우 모빌을 이용해 샘플링을 했는데 이번에는 한여름이어서 눈이 다 녹아 자전거와 차로 이동했다.

다산과학기지의 샘플링 작업은 호락호락하지 않을 때가 있다. 이곳에서 해양조사와 샘플링을 하려면 킹스베이라는 회사를 통해 배를 사전에 예약해야 한다. 날씨에 따라 배가 나갈 수 없는 날도 있다. 콩스피요르덴 앞 바다는 열린 바다가 아니라 잔잔한 편이지만, 해양조사에 사용하는 배가 대여섯 명이 타는 자그마한 배라 작은 파도에도 심하게 흔들린다. 그래서 날씨가 좋지 못하거나 바람이 강하게 부는 날에는 해양조사가 불가능하다. 날씨가 좋지 않은 날에 선장에게 부탁해서 무리하게 해양조사를 나간 적이 있는데 멀미만 심하게 하고 한 1시간 만에 돌아온 적이 있다. 이번 방문에도 해양조사를 계획하고 미리 3일 동안 선박을 사용하려고 예약해 두었다. 우리 해양조사의 주된 일은 해수와 해양퇴적물을 샘플링하는 것이었다. 콩스피요르덴 주변의 빙하들이 녹으면서 빙하에 갇혀있던 오염물질이 바다로 유입되는데 어떤 물질이 유입되는지, 그리고 해양생태계에는 어떤 영향을 주는지 확인하기 위해서였다. 해양조사 첫날에는 바다가 잔잔해 보여 조사가 순조로울 거라 예상했지만 갈수록 날씨가 나빠져 계획만큼 연구를 진행하지 못한 채 기지촌으로 돌아와야 했다. 기지에서의 일정이 그리 넉넉하지 못했기 때문에 바다로 강으로 육상으로 호수로 정신없이 다녀야만 했다. 북극 다산과학기지를 방문해서 연구하는 이들은 대부분 오랫동안 연구를 계획하고 준비했기 때문에 무리를 해서라도 연구를 진행하고 싶은 욕심은 이해하겠지만 극지에서의 연구라는 것은 자연이 허락해야만 순조롭게 진행될 수 있다.

총기교육, 북극곰, 다산과학기지에서 만난 사람들

뉘올레순 과학기지촌에 가끔 굶주린 북극곰들이 나타난다는 이야기를 들은 적이 있다. 그래서 안전을 위해 기지촌 밖으로 나갈 때는 총기교육을 받은 사람이 무조건 함께 해야 한다. 다산과학기지에 도착한 다음날 총기교육을 받았다. 군복무를 마치고 예비군 훈련 대상자일 때까지는 총기를 다루어 봤지만 민방위로 넘어가고는 총 쓰는 법을 글과 그림으로 연습을 하게 된다. 킹스베이 건물에서 총기 사용에 대한 기초적인 교육을 마치고 인근 산자락에 있는 사격장에서 사격실습을 진행하였다. 일본 동경대에서 온 중년의 요네무라상이 나와 한 조를 이루어서 사격훈련을 하였다. 다양한 자세에서 여러 번의 사격실습이 진행되었다. 보통 한 자세로 일인당 6발을 격발하게 되고 격발이 완료된 후에는 항상 자신이 쏜 과녁교육에 대한 확인을 하게 되는데 나는 군대에서 사격을 한 경험이 있어서인지 그래도 상위권에 속했다. 나중에 조교에게 물어보니 우리나라 남성들은 항상 사격훈련에서 좋은 성적을 거두는데 아마도 우리나라의 국방의 의무 때문에 그런 거 같다고 하는데 한편으로 으쓱하면서도 한편으론 국방의 의무를 해야 하는 우리나라의 실상이 안타깝게 생각되었다. 나와 한 조를 이룬 요네무라상은 나이 때문인지 평소에도 약간 손을 떨었는데 항상 표적지에는 1발에서 2발 가량의 구멍 밖에 보이지 않았다. 아마도 표적 밖으로 탄알이 나갔던 것으로 생각된다. 요네무라상은 매번 나한테 내가 옆에 있는 김상의 표적에다가 총알을 서너 발 쏜 거 같다고 이야기했다. 그리고 사격을 마치고는 자신이 정말 북극곰을 만나면 맞출 수 있을 거라고 생각하느냐고 나한

뉘올레순 과학기지촌에서 사격훈련을 하는 모습

테 물어봤는데 내가 웬만하면 다른 사격교육을 받은 사람과 다니는 게 좋지 않겠냐는 말을 건넸다. 북극곰을 만나면 나한테 이리듐폰으로 전화를 하라는 농도 던졌다. 다행스럽게도 육상 샘플링을 수행하는 과정에서 북극곰을 만날 일은 없었다.

프랑스와 포르투갈의 유로 2016 결승전이 있던 날 각국의 많은 사람들이 함께 모여 중계를 시청했다. 갑자기 누군가가 "Polar bear!!!!"라고 크게 소리를 쳤다. 엄마 북극곰 한 마리와 새끼 북극곰 한 마리가 기지촌 앞 해안가를 따라 지나가고 있었다. 순간 우리 북극 환경오염 연구팀은 서로의 얼굴을 마주보고 큰 안도의 한숨을 내쉬었다. 며칠 동안 계속해서 그 지역에서 기지촌에서 방출된 오염물질들이 생물체 내에서 어떻게 변화하는지를 연구하기 위해 옆새우를 채집하던 장소이다. 그날도 바로 그 북극곰들이 지나가던 그 자리에서 샘플링

북극곰이 나타났던 바로 그 장소에서 채집했던 옆새우류인 감마루스(*Gammarus*)

을 했었다. 북극곰들도 사람들을 의식해서 기지 근처로는 자주 오지 않는다고 들었는데 그것도 아니었나보다. 대부분의 연구자들이 '설마 북극곰을 만나겠어'라고 방심하고 있을 무렵 자신의 존재를 나타내려는 듯 뉘올레순 기지촌으로 모습을 드러냈다.

다산과학기지에서 연구할 때 좋은 점은 비슷한 관심을 가진 연구자를 현장에서 만날 수 있다는 것이다. 이번에도 다산과학기지에 머무는 동안 노르웨이 극지연구소의 게이르 가브리엘센(Geir Gabrielsen) 박사를 만났다. 그는 25년 이상 노르웨이극지연구소에서 북극의 환경오염과 생태계 영향에 대해서 연구하고 있다고 한다. 북극에 유입된 다양한 환경오염 물질들이 북극 조류

(bird)에 어떠한 영향을 미치는지가 그의 주요 관심사다. 최근에 미세플라스틱이 북극 조류의 위장과 바다얼음에서 다량으로 발견되어 학계의 관심을 모으고 있다. 다양한 경로로 생물의 체내에 들어온 미세플라스틱이 생물체에 어떠한 영향을 미치는지에 대해 연구가 진행 중이다. 생물체 내에 들어온 미세플라스틱은 설사 몸에서 배출되더라도 미세플라스틱의 제조과정에 포함돼 있던 여러 유해화학물질이 몸에 흡수되고 축적될 수 있다. 우리가 흔히 사용하는 피부 스크럽 세정제에 들어 있는 작은 알갱이도 사실은 미세플라스틱인데 이를 마이크로비즈라고 한다. 그린피스를 비롯한 환경단체들의 적극적인 노력으로 몇몇 나라에서는 해양오염과 인체에 유해할 수 있는 마이크로비즈의 사용을 전면 금지하고 있으며 최근 우리나라에서도 화장품과 생활용품에 들어 있는 마이크로비즈의 사용중단 및 규제 법안을 촉구하는 다양한 노력들이 진행 중이다. 다산과학기지 주변 공기나 물과 같은 환경매체(environmental media)와 생물체 내에 이런 미세플라스틱이 얼마나 존재하고 있으며, 북극생물 및 생태계에 어떤 영향을 미치는지에 대한 공동연구를 수행했으면 좋겠다고 서로 이야기를 했다.

2016년 여름, 다산과학기지를 방문한 환경오염물질 연구팀은 기지촌 주위를 조사하면서 이 지역이 생각보다 많이 오염된 징후들을 발견을 했고, 이런 환경오염이 뉘올레순 생태계에도 영향을 미쳤을 것으로 예상했다. 이 지역을 수십 년간 연구해온 게이르 박사도 이야기 도중 "북극은 더 이상 깨끗하지 않다(Arctic is not pristine, any more)"라는 말을 여러 번 했다. 뉘올레순 국제과학기지촌도 더 이상 청정한 북극 연구를 하기에 적합하지 않다는 생각이 들었다. 한편으로는 문명의 유입으로 서서히 오염되어가는 북극을 단편적으로 보여주는 좋은 연구지역이 될 수 있다는 생각도 동시에 들었다. 콩스피요르덴 바다도 이제는 북극해 보다는 대서양과 비슷한 물리화학적 해양 특성을 보인

뉘올레순 과학기지촌 앞 콩스피요르덴에서 발견된 오염물질이 포함된 찌꺼기와 부유물

다고 한다. 오랜 기간 전통적인 북극 환경오염물질을 모니터링을 해오고 다양한 북극 시료를 보유하고 있고 노르웨이 극지연구진의 경험과 노하우가 북극 환경오염물질 연구를 시작하는 우리에게 매우 큰 도움이 될 것이다.

개발과 환경보전은 항상 대립해야만 할까? 아니, 개발과 보전은 서로 대립하기보다는 함께 가야하는 존재일 것이다. 그래서 북극 자원개발이나 북극 항로 개척을 이야기할 때 우리는 북극의 환경보전에 함께 관심을 가져야 한다. 만약 우리가 북극개발에 동참하려고 한다면 북극의 환경문제에 더욱 많은 관심을 가져야 한다. 북극개발은 지속가능하고 환경 친화적인 방법으로 진행되어야 한다. 물론 북극에 대한 연구도 환경 친화적인 방법으로 수행되어야 한다.

북극에는 북극 주변국뿐 아니라 우리나라와 같은 중위도 지방에서 배출된 환경오염물질도 해류와 대기를 통해 유입될 수 있다. 그리고 이런 오염물질들은 극지방에서 우리가 알 수 없는 형태로 바뀌어 해류나 대기를 타고 다시 북극 주변국이나 중위도 지방으로 이동될 수 있다. 이제 북극의 환경오염 문제는 북극 주변국만의 문제가 아니라 모두가 함께 고민해야 할 우리들의 문제인 것이다. 우리는 앞으로 북극에 유입되고 있는 새로운 환경오염물질에 대한 정보를 국제 사회와 공유하고 북극의 환경과 생태계에 악영향을 미칠 수 오염물질들을 원천적으로 차단할 수 있는 제도적 기반을 만드는데 노력할 계획이다.

⌖ 기상관측, 에어로졸과 구름

윤영준, 박상종, 박기태

대기변화 연구의 시작은 다산과학기지에서

북극의 대기변화연구는 2002년 다산과학기지가 문을 열면서 기상관측으로 시작되었다. 우리는 이탈리아 연구팀과 공동으로 지표와 대기 사이에 에너지와 온실기체가 어떻게 교환되고 있는지 관측하기 시작했다. 다산과학기지가 있는 뉘올레순에는 고층 타워가 두 개 있다. 하나는 북극점 탐사용 비행선을 고정하기 위해 세워진 35미터 높이의 타워로 다산과학기지에서 동남쪽으로 약 370미터 떨어져 있다. 나머지 하나는 2009년 이탈리아가 연구용으로 세운 34미터 높이의 타워이다. 이 연구용 타워의 공식 이름은 "The Amundsen-Nobile Climate Change Tower (CCT)"로, 1926년 비행선을 이용한 북극점 탐사에 참여한 아문센(Amundsen)과 이탈리아 탐험가 노빌레(Nobile)의 이름을 딴 것이다. 이름이 너무 길기 때문에 줄여서 CCT 타워라고 불리며, 기후변화 연구에 활용된다[01]. CCT 타워는 다산과학기지에서 남서쪽으로 약 1.8킬로미터 떨어져 있으며, 공항에서 잘 보인다. 이 타워에 이탈리아와 우리 극지연구소가 공동으로 대기 분석용 관측 장비를 설치하여 운영 중이다.

우리는 21미터 높이에 삼차원 초음파 풍속계와 이산화탄소/수증기 분석기

---

01 http://www.isac.cnr.it/~radiclim/CCTower/?Project: CCT_Integrated_Project

다양한 대기 관측장비가 설치되어 있는 34미터 높이의 CCT 타워

를 설치해서, 대기와 동토 사이에 주고받는 이산화탄소와 열에너지양을 알아내서 기후변화에 따라 이 지역 동토가 어떻게 반응지 연구하고 있다. 우리가 관측한 실시간 자료는 인터넷[02]에서 볼 수 있다. 뉘올레순의 연구결과는 기후와 식생, 토양 조건이 서로 다른 그린란드 스테이션노르(북위 81도), 캐나다 캠브리지만(북위 68도), 알래스카 카운실(북위 64도)의 연구 결과와 서로 비교하고 있다. 이를 통해 다양한 북극에서 기후변화 진행 과정을 파악하고 이런 기후변화가 어떻게 동토에 영향을 미치는지 이해하려고 한다. 또한 관측 데이터는 기후 모델과 결합하여 미래 북극 동토변화 예측에도 활용된다.

에어로졸을 관측하다

에어로졸은 고체 또는 액체의 형태로 공기 중에 떠다니는 물질이다. 에어로졸은 태양에서 들어오는 에너지인 태양복사를 산란하거나 흡수하면서 지구 기후에 영향을 준다. 또한 에어로졸은 구름의 응결핵 형성에도 필수이다. IPCC 5차 평가 종합보고서에 따르면 에어로졸의 산란과 흡수는 기후변화의 원인 파악과 예측을 가장 불확실하게 만드는 대기 현상이다.

우리는 다산과학기지에서 에어로졸 연구의 중요성을 인식하고, 2006년에 스웨덴, 노르웨이, 프랑스 연구팀과 공동으로 기지촌에서 약 6킬로미터 떨어진 곳에 위치한 코벨(Corbel) 관측소에서 대기 중 에어로졸 입자 농도를 관측하기 시작했다. 코벨 관측소는 전기를 자체 생산하기 때문에 최소한 필요한 만큼만 난방을 했다. 사람이 머물지 않을 때는 온도가 영하로 내려갈 수도 있다. 그래서 장비의 온도를 영상으로 유지하기 위해 입자계수기를 냉장고 안에서 운영했다. 물론 냉장고 전원은 공급이 불가능했다. 그저 단열 효과를 이용해

02 http://arcticnode.dta.cnr.it/kopri/

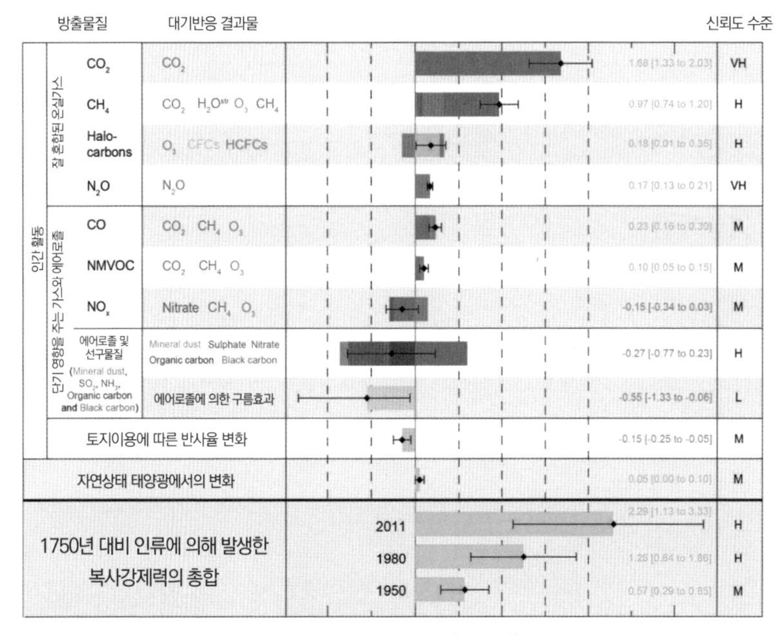

IPCC 5차 평가 종합보고서에 나온 대기 구성 물질에 의한 1750년 대비 복사강제력 크기와 과학적 신뢰도 분석. 표에서 보듯이 에어로졸에 의한 복사강제력은 지구 온난화와 반대의 경향이 있으나, 그 과정의 이해도는 낮게 보고되었다.(VH 매우높음, H 높음, M 중간, L 낮음)

얼지 않도록만 한 것이다. 이렇게 열악한 환경에서 시작한 에어로졸 관측은 뉘올레순의 대표적인 대기관측소인 제플린(Zeppelin) 관측소에서의 구름응결핵과 대기 중 황성분(dimethly sulfide) 관측으로 발전하였다.

세상에서 가장 깨끗한 제플린 관측소

제플린 관측소는 다산과학기지에서 약 2.3킬로미터 떨어진 제펠린피예렛산의 꼭대기 부근(해발고도 474미터)에 위치하고 있다. 이곳은 노르웨이대기

에어로졸 관측을 처음 시작한 북극 다산과학기지에서 6킬로미터 떨어진
코벨기지 전경 (© 황영심)

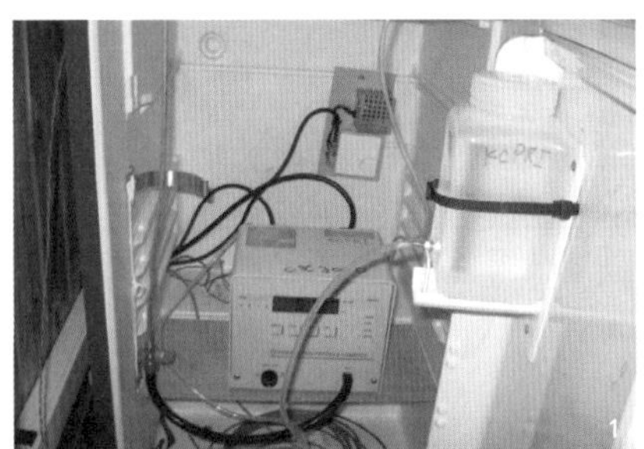

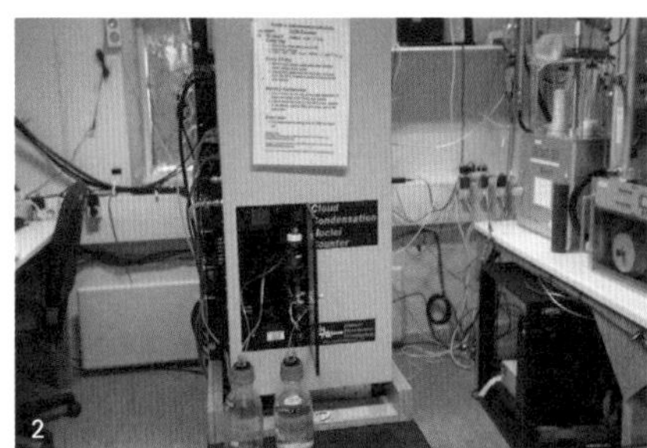

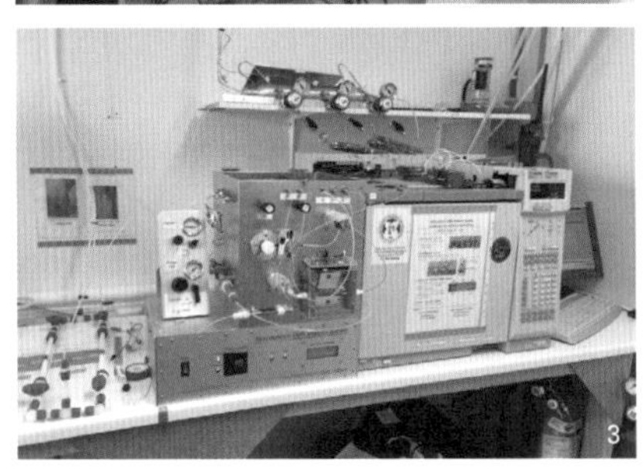

1. 코벨 관측소에 설치한 입자계수기
2. 제플린 관측소에서 운영 중인 구름응결핵계수기
3. 제플린 관측소에서 운영 중인 대기 중 황성분 분석 장치
4. 그루바뎃 관측소 옥상에 설치된 황 동위원소 분석용 대용량 시료 포집기

연구소(NILU, Norwegian Institute for Air Research)와 노르웨이극지연구소(NPI, Norwegian Polar Institute)에서 운영하고 있다. 이곳에서는 에어로졸 뿐 아니라 이산화탄소를 포함한 다양한 종류의 온실기체와 오염물질 관측이 진행되고 있으며, 노르웨이 연구자들 이외에도 스웨덴, 한국, 일본 등 여러 나라의 과학자들이 다양한 대기 과학 연구를 수행하고 있다. 제플린 관측소로 오르기 위해서는 최대 네 명까지 탑승 가능한 조그만 케이블카를 이용하여야 한다. 관측기지까지는 케이블카로 20분 가량의 시간이 소요되며, 바람이 강하게 부는 날에는 놀이기구 못지않은 스릴을 느낄 수 있다. 제플린 관측소에서 강풍보다 무서운 것이 있다. 바로 화장실 사용이다. 제플린 관측지에는 화장실이 없으며, 이곳은 청정 관측기지로 보호되기 때문에 야외에서 실례를 하는 것 역시 절대 허락되지 않는다. 참기 힘든 위급 상황 시에는 관측지에 보관된 비닐 용지를 활용해야 하며, 이후 처리에 대한 자세한 설명은 생략하겠다.

극지연구소 에어로졸 연구팀은 제플린 관측지에서의 구름응결핵과 대기중의 황성분을 분석하기 위하여 매년 최소 두 번 이상 이곳을 방문한다. 북극 현장에서 우리 연구팀이 주로 하는 업무는 제플린 및 주변 관측기지에 설치된 대기 분석 기기들의 상태를 점검하고 관측기기들이 1년 동안 정상적으로 작동할 수 있도록 가능한 모든 조치를 취하는 것이다. 다른 연구자들이 주로 여름철(6월~9월)에 북극 다산과학기지를 방문하는 것과 달리, 우리의 연구는 주로 2~3월에 북극을 방문하여 빈틈없이 하얀 눈으로 덮인 북극의 압도적인 아름다움을 만끽할 수 있다. 하지만 북극의 겨울이 선사하는 추운 날씨와 강한 바람은 아름다움을 감상하기 위해 우리가 감내해야만 하는 약간의 고통이다.

1. 제펠린피예렛산에 위치한 제플린 관측소　2. 제플린 관측소로 향하는 케이블카
3. 케이블카 안에서 찍은 제플린 관측소 정면 모습

뉘올레순 상공에서 3차원 바람 분포 관측

우리가 이곳에서 수행하는 연구의 키워드는 에어로졸 그리고 기후변화이다. 북극은 전 지구 평균보다 온난화 속도가 두 배 가량 빠르게 나타나며, 최근에는 연간 서울 면적의 90배에 달하는 얼음이 사라지고 있다. 북극의 차가운 바다는 중위도 또는 저위도의 바다에 비해 높은 해양 일차생산력을 보인다. 바다 속의 식물플랑크톤이나 박테리아가 광합성이나 화학합성을 많이 하는 것이다. 이

런 합성 과정 중에 다량의 황성분이 공기 중으로 방출된다. 대기로 방출된 황성분은 복잡한 물리·화학적 반응을 거쳐 에어로졸이나 구름응결핵으로 자라게 된다. 그런데 대기 중의 에어로졸과 구름응결핵은 태양복사를 산란시키고 구름을 만들어서 온실기체와 반대로 지구를 냉각시키는 역할을 하게 된다.

만약에 지구 온난화에 의해 북극 해양의 일차생산력이 증가하고, 이에 따라 황성분이 더 많이 대기 중으로 방출된다면, 그리고 이런 황성분의 증가로 에어로졸과 구름응결핵도 많아진다면 전 지구적 냉각효과를 일으킬 수 있을 것이다. 우리는 북극에서의 에어로졸 연구를 통해, 실제 이 지역의 황성분과 에어로졸, 구름응결핵의 변화가 어떠한 방향으로 일어나며, 북극지역의 환경변화 요인들과 어떤 연결성을 가지고 있는지를 살펴보고 있다. 우리의 연구 목표는 과연 북극지역의 급격한 환경변화가 해양의 일차생산력에 기원한 황성분의 방출과 그리고 에어로졸 및 구름응결핵의 형성에 어떠한 영향을 주는지 이러한 일련의 과정들이 기후변화 피드백에 어떠한 기여를 할 것인지에 대한 과학적 근거를 찾는 것이다.

CCT 타워 주변에 설치된 도플러 윈드 라이다

우리는 이와 함께 북극 기후 이해의 핵심요소로 부각된 구름의 역할을 이해하고 기후모델을 개선하기 위한 연구도 하고 있다. 우리는 북극 구름의 미세한 물리적 특성을 이해하고 구름 아래쪽의 대기경계층과 지면 사이의 상호작용을 이해하고자 한다. 이를 위해 2016년 10월, 지상 100미터부터 약 3.5킬로미터 상공까지 바람 연직분포를 측정할 수 있는 '도플러 윈드 라이다(Doppler Wind Lidar)'를 CCT 근방에 설치하여 뉘올레순 상공 3차원 바람 분포에 대한 관측을 시작했다. 앞으로 이탈리아 연구팀과 에어로졸 및 구름입자를 계절별로 관측하고, 독일 및 일본 연구팀의 구름레이더 데이터 자료를 확보해 북극 구름이 어떻게 발달하는지 알아낼 것이다. 이런 연구를 통해 궁극적으로 북극과 중위도지역의 기후 예보 정확도를 개선하고자 한다.

스발바르 제도 뉘올레순의 제플린관측소가 있는 제펠린피예렛산 (ⓒ 이유경)

⌖ 저 높은 하늘에는 무엇이 있을까?

김정한

하늘도 저마다 이름이 있다

다산과학기지의 하늘은 맑다. 물론 구름 낀 날도 많지만, 구름이 없는 날 하늘을 보면 너무나 맑고 깨끗해서 우주까지 보일 것 같다. 우리는 다산과학기지에서 고층대기라고 하는 높은 하늘을 들여다본다.

하늘도 저마다 이름이 있다. 높이 올라갈수록 대기의 온도가 달라지는데, 이런 온도변화의 경향에 따라 대류권, 성층권, 중간권, 열권, 외기권이라고 부른다. 대류권은 지면에서 가장 가까운 공간으로 높이 올라갈수록 공기의 온도가 낮아진다. 낮은 곳은 땅에서 반사되는 복사열 때문에 공기가 더워지지만, 높은 곳으로 갈수록 복사열도 적고 공기의 밀도도 낮아지기 때문에 온도가 떨어진다. 대류권 위쪽에는 성층권이 있는데 성층권은 대류권과 달리 높이 올라갈수록 온도가 올라간다. 성층권 위쪽에는 오존이 있고 이 오존분자가 태양에서 오는 자외선을 흡수하면서 온도가 높아진다. 아래쪽보다 위쪽의 온도가 높기 때문에 열역학적으로 안정되어 난류가 발생하지 않는다. 이 때문에 비행기는 성층권(11~13킬로미터)에서 운항을 한다. 성층권 위에는 중간권이 있는데, 이곳은 다시 고도가 높아질수록 온도가 떨어진다. 이는 중간권에 존재하는 공기 또한 고도가 높아질수록 희박해지고 공기가 더 희박할수록 이산화탄소에 의한 냉각 효과가 커지기 때문이다. 중간권 위에는 열권이 있는데 고도가 올라

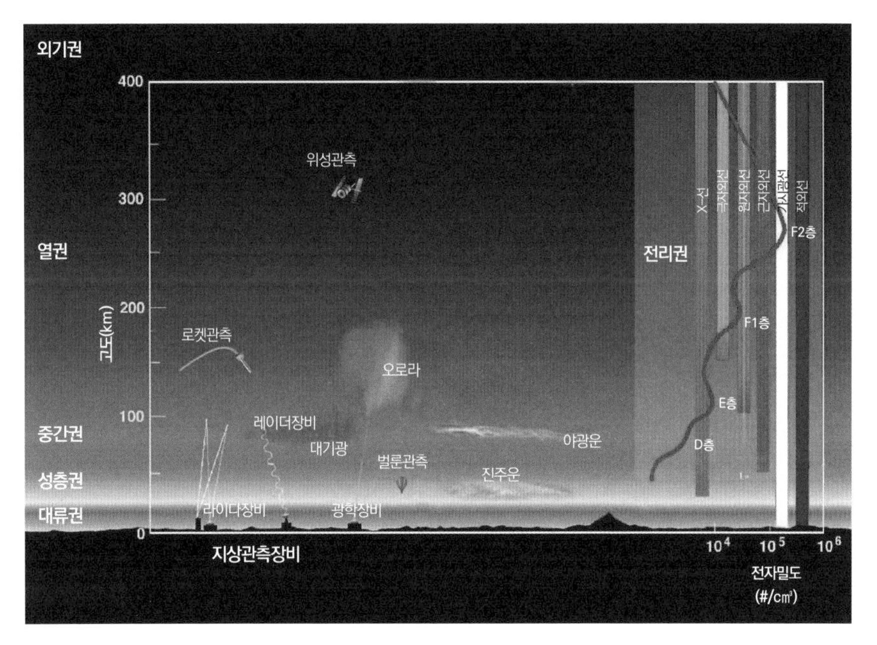

고도별 온도분포에 따른 지구 대기의 영역과 전리권에서의 전자밀도 고도분포
(출처: NASA)

갈수록 다시 기온이 상승하다가 임계 온도에 다다르면 더이상 증가하지 않고 유지된다. 열권에는 태양으로부터 오는 극자외선에 의해 원자가 이온과 전자로 전리(ionization)된 상태로 존재하는 전리권이 중첩되어 있다. 대부분의 오로라가 생기는 곳이 바로 이 열권과 중간권 상부 영역이다. 지구 대기 중 가장 바깥에 있는 외기권은 지구가 우주와 만나는 곳이다. 외기권은 주로 수소와 헬륨 원자로 이루어져 있는데, 이들 중 일부는 지구 중력의 영향을 벗어나 우주로 방출되기도 한다.

고층대기(upper atmosphere)는 이 5개 하늘 중에서 중간권과 열권을 말한다. 그리고 열권과 고도가 겹치는 전리권도 고층대기에 포함한다. 이 고층대기 영역에는 날씨를 만드는 대류권이나 성층권과는 매우 다른 물리적인 특징이 있다. 특히 이온과 전자로 이루어진 플라스마 상태의 전리권은 대류권이나 성층권에서는 찾을 수 없다. 물론 중간권과 열권에도 중성상태의 원자나 분자로 구

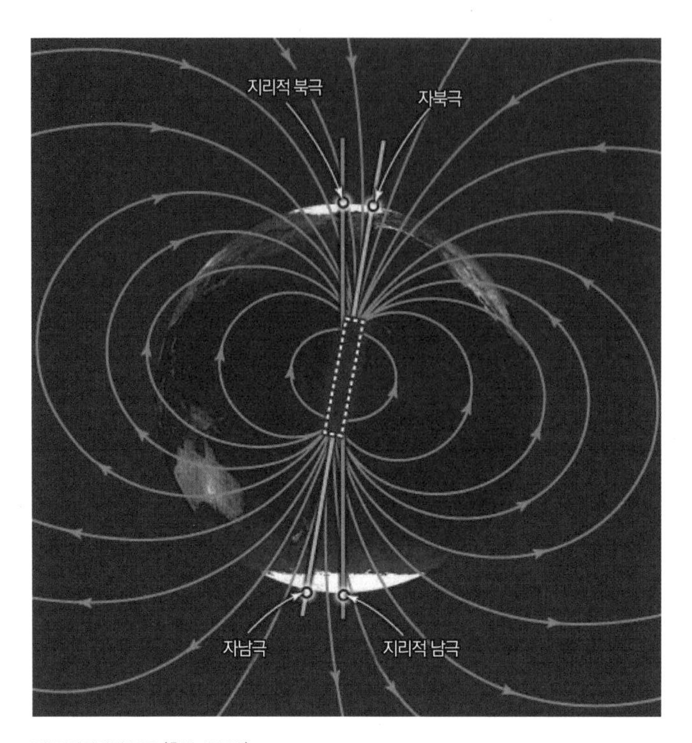

지구 자기장의 구조 (출처: NASA)

성된 중성대기의 밀도가 훨씬 높지만, 이온과 전자로 이루어진 전리권이 공존하면서 지구의 고층대기에서는 매우 복잡한 동역학적 현상들이 발생한다.

극지는 우주로 열린 창이다. 지구 자기장의 구조상 극지방의 자기력선은 우주로 열려 있다. 자기력선이 들어가고 나오는 남극과 북극의 대기에는 우주로부터 들어오는 고에너지 하전입자가 지구 대기 깊숙이까지 들어올 수 있다. 이 때문에 지구의 양 극지방 고층대기는 우주에서 들어오는 고에너지 하전입자들이 지구의 대기와 가장 먼저 만나는 영역이다. 우리가 북극에서 높은 하늘을 연구하는 이유가 바로 여기에 있다.

극지 고층대기의 큰 변화는 일상생활에 영향을 끼쳐

극지 고층대기는 크게 세 가지 측면에서 중요하다. 첫째는 극지 전리권 밀도의 변화, 둘째는 전리권과 중성대기의 상호작용, 그리고 셋째는 우주로부터 유입되는 고에너지 하전입자에 의한 극지 고층대기의 변화이다. 그렇다면 극지 대기의 변화는 왜 이렇게 중요할까? 고층대기와 전리권의 변화가 중요한 이유는 현대사회의 기반시설과 밀접한 관련이 있기 때문이다. 예를 들면, 지자기 폭풍으로 전리권이 교란되면, GPS 시스템의 오차 및 그 빈도가 증가하고, 갑작스런 태양 폭발 활동으로 전리권의 밀도가 높아지면 단파통신이 두절되는 델린저(Dellinger) 현상이 일어나기도 한다. 지구의 고층대기 영역을 돌고 있는 인공위성의 수명과 성능 또한 고층대기의 밀도 변화에 직·간접적으로 영향을 받는다. 이렇듯 고층대기가 인간 생활에 직접적인 영향을 주기 때문에 고층대기의 변화 특성을 정확하게 파악하고 그 기작을 이해하는 것은 매우 중요하다.

북극 다산과학기지는 북위 79도, 지자기 위도로 76도에 있는데, 태양과 지자기의 활동에 따른 극지방 고층대기의 특성변화를 연구하기에 매우 적합한 곳이다. 극지방에는 오로라가 발생하는 오로라 타원체(auroral oval)가 도넛 형태로 형성되어 있다. 오로라 타원체는 태양의 활동 정도와 그에 따른 지자기계의 교란 정도에 따라 그 영역이 확장되거나 수축된다. 다산과학기지는 오로라 타원체가 수축되었을 때는 타원체 내에 위치하게 되어 오로라 관측이 용이하고, 확장되었을 때는 타원체 안쪽의 극관(polar cap)이라고 부르는 영역에 위치하여 고층대기를 연구하기에 아주 좋은 장소다.

극지연구소는 북극 여러 지역에 고층대기 연구를 위해 다양한 지상관측장비를 설치·운영하고 있다. 다산과학기지와 함께 스웨덴의 키루나 관측소에도 고층대기 연구를 위한 장비를 운영하고 있는데, 키루나는 오로라 타원체의 크기에 따라 내부에 들어가거나 바깥으로 벗어난 곳에 위치하게 된다. 따라서 다산과학기지와 키루나지역에서 관측한 자료를 함께 활용하면 극관, 오로라 타원체, 타원체 외부의 고층대기 영역에 관한 특성을 동시에 연구하는 것이 가능하다.

우리는 다산과학기지에서 고층대기 관측을 위해 다양한 과학 장비를 운영하고 있다. 적외선 간섭계(Fourier Transform Spectrometer, FTS), 페브리-페로 간섭계(Fabry-Perot Interferometer, FPI), 총전자량 교란 감시기(GPS/TEC scintillation monitor)의 세 가지 지상관측장비가 있고, 다산과학기지와 인접해 있는 롱이어비엔 관측소에는 양성자 오로라 관측용 전천카메라(All Sky Camera, ASC)가 설치되어 있다. 원래 계획은 전천카메라 장비도 다산과학기지가 있는 뉘올레순 기지촌 내에 설치하여 페브리-페로 간섭계 관측자료와 함께 활용하려는 계획이었으나, 기지촌 내에는 전천카메라를 추가로 설치할 수 있는 광학관측실 공간이 없어 어쩔 수 없이 약 110킬로미터 정도 떨어져 있는 롱이어비엔 관측소에 설치하게 되었다.

적외선 간섭계는 고도 약 87킬로미터 부근의 중간권 상부 온도를 관측하는 장비다. 온실기체로 알려진 이산화탄소는 저층대기에서는 온난화를 야기하지만 중간권에서는 냉각화를 야기할 수 있다는 연구 결과들이 발표되어 중간권 상부의 온도를 지속적으로 관측하는 것이 매우 중요해졌다. 현재 다산과학기지의 푸리에 변환 분광기와 스웨덴 키루나의 푸리에 변환 분광기에서 얻은 데이터를, 충남대학교 우주과학실험실이 확보한 위성 관측 데이터와 비교하고 있으며, 이를 통해 중간권계면 부근 대기의 장기간에 걸친 온도변화 경향을 연구하고 있다.

페브리-페로 간섭계는 중간권과 열권 아래쪽인 고도 약 87킬로미터와 97킬로미터, 그리고 열권 중간부에 해당하는 약 250킬로미터 부근의 중성대기 바

고도 약 87킬로미터 부근의 온도를 관측하는 적외선 간섭계

람과 온도를 관측하는 장비다. 극지 전리권은 자기력선이 우주로 열려 있기 때문에 자기권 대류의 영향을 받아 플라스마 대류가 일어난다. 우리는 페브리-페로 간섭계를 이용해 극지에서 중성대기 대류가 시공간적으로 어떻게 변화하며, 극지방의 전리권과 중성대기가 어떤 상호작용을 하는지 밝히는 연구를 하고 있다. 남극 장보고과학기지에서도 페브리-페로 간섭계를 운영하여 남극과 북극의 고층대기에서 일어나는 현상들이 어떤 특징과 차이를 보이는지 조사 중이다. 중성대기 바람은 고도에 따라 각기 다르게 나타나기도 한다. 이런 중성대기 바람의 패턴이 전리권의 플라스마 대류와 어떤 관계가 있는지 규명하는 것이 필요한데, 이는 달리 말하면 전리권의 플라스마 운동이 중성대기에 어느 고도까지 직접적인 영향을 미치는지 알아보려는 것이다.

또한 우리는 한국천문연구원과 함께 2015년도부터 북유럽 국가 주도의 다국적 거대 프로젝트인 EISCAT_3D(European Incoherent Scatter Scientific Association)에 참여하고 있다. EISCAT은 고성능·고출력의 레이더 시스템을 이용하여 중층·고층대기 및 전리권에서 발생하는 다양한 현상의

다산과학기지가 있는 뉘올레순에서 찍은 북극 오로라 (© 이종혁)

여러 물리량을 관측하는 시설이다. 우리는 EISCAT 참여를 통해 전리권의 플라스마 상태를 관측한 자료와 페브리-페로 관측 결과를 활용하여 전리권의 변화가 고층대기에 미치는 영향과 기작을 연구하고 있다.

신비로운 오로라는 고층대기의 자연 현상

극지하면 가장 먼저 떠오르는 것 중의 하나가 오로라다. 오로라는 탐험가로부터 어린아이까지 누구나 한번쯤 직접 보고 싶어 하는 자연의 예술이다. 그 모습이 너무나 신비로워 한때 신화의 대상이었던 오로라는 알고 보면 지극히 과학적인 자연 현상이다. 오로라는 자기권으로 연결된 열린 자기력선을 따라 우주에서 들어오는 고에너지 하전입자가 고층대기 중에 있는 원자나 분자와 충돌하면서 발생하는 일종의 방전 현상이다. 우리 주변에서 흔히 볼 수 있는 네온사인이 오로라와 비슷한 원리로 작동한다. 오로라는 주로 높은 에너지를 가진 전자에 의해 발생한다. 평상시에는 고도 90~300킬로미터에서 주로 발생하지만, 태양이나 지자기 교란이 생기면 고도 500킬로미터 이상에서도 나타난다.

오로라의 색깔은 상당히 다양한데, 이는 지구로 유입되는 고에너지 전자가 어떤 구성 성분과 어느 고도에서 충돌하는지에 따라 결정된다. 가장 흔히 볼 수 있는 오로라는 산소원자와 충돌하여 발생하는 녹색 오로라(파장 557.7나노미터)다. 녹색 오로라는 세기가 가장 크고 지표에 비교적 가까운 고도 약 100킬로미터 부근에서 발생하기 때문에 눈에 잘 띈다. 산소원자와의 충돌로 발생하는 또 다른 오로라는 적색 오로라(파장 630나노미터)인데, 적색 오로라는 고도 약 250킬로미터 이상의 높이에서 발생한다. 적색 오로라는 금지선(forbidden line)이라고도 불리는데, 그 이유는 대기 밀도가 높은 곳에서는 이 파장의 빛을 방출하기 전에 다른 원자나 분자와 충돌하여 에너지를 모두 잃어 관측할 수가 없기 때문이다. 그래서 적색 오로라는 대기 밀도가 매우 낮은 고도 약 250킬로

롱이어비엔에서 다산과학기지로 넘어가는 경비행기 안에서 찍은 북극 오로라 (© 이종혁)

미터 이상에서 발생하는 것만 관측된다. 고위도 지방에서 흔히 볼 수 있는 대표적인 녹색과 적색의 오로라 외에도 다양한 색깔의 오로라가 발생하는데, 오로라의 스펙트럼과 형태에 관한 자세한 설명은 참고문헌[01]에 자세하게 설명되어 있다.

여름에 바쁘게 탐사와 연구를 하던 다른 연구자들이 모두 떠난 적막한 겨울, 우리는 다산과학기지에서 높은 하늘을 보며 아직 알려지지 않은 하늘의 비밀을 하나씩 풀고 있다.

---

01 안병호·지건화 『극지과학자가 들려주는 오로라 이야기』(지식노마드, 2013)

3억 년 전의 모습

우주선

"우와 저 단층 좀 봐!"

2012년 9월 6일 경비행기에서 내린 우리 네 명은 눈앞에 펼쳐진 셰텔리그피예렛(Scheteligfjellet)산의 지층에 압도되었다. 산을 가로지르는 두꺼운 지층이 서로 어긋난 채로 반복돼 나타나는 모습은 교과서에서 보던 저각역

다산과학기지 옆 공항에서 바라본 셰텔리그피예렛산

단층[01] 모습 그대로였다. 날은 흐리고 우리는 오랜 여정으로 피곤했지만, 책에서만 보던 지질구조를 직접 보며 현장조사를 한다는 생각에 흥분을 감출 수 없었다. 이 네 명은 북극 다산과학기지 주변의 지질과 고환경 연구를 위해 현장조사를 나온 두 명의 퇴적학자와 두 명의 고생물학자였다.

아무리 많은 사전 자료가 있다 해도, 한 지역에 대한 지질을 조사한다는 것은 마치 미지의 세계로 발을 내딛는 것과 같다. 브뢰거 반도[02]의 뉘올레순에는 여러 나라의 과학기지가 있어서 아주 많은 양의 연구가 있을 것이라고 예상했다. 하지만 논문과 책을 살펴보니 이곳에는 19세기에 시작된 지질조사를 바탕으로 만들어진 지질도만 있을 뿐 본격적인 지질학 연구 결과는 손에 꼽을 정도였다. 아직까지 적은 수의 논문이 출판되었다는 것에 한편으로는 안도하면서도 한편으로는 의아한 생각이 들었다.

마침 이 지역에서 나온 화석을 연구하는 호주 디킨대학교의 고생물학자 이상민 박사가 이번 탐사에 합류했다. 이상민 박사는 1980년대 이 지역에서 수집된 화석으로 완족동물[03]의 생태와 진화를 연구하고 있었지만, 실제로 북극에 와본 적이 없어서 답답해하고 있었다. 우리가 다산과학기지 방문을 제안했을 때, 이상민 박사는 자신이 연구하는 완족동물 화석이 나온 브뢰거반도를 탐사할 수 있다는 기대감에 단 1초도 망설이지 않고 오케이를 했다.

---

01 저각역단층(thrust): 충상단층, 단층면의 경사가 45도보다 작은 역단층

02 브뢰거 반도(Brøggerhalvøya): 다산과학기지가 있는 뉘올레순이 위치한 스피츠베르겐 북서쪽의 반도

03 완족동물(brachiopods): 두 개의 껍질 속에 내장, 외투, 촉수관 등이 들어가 있어 조개와 비슷한 모양을 가진 동물군. 두 개의 껍질이 서로 다른 모양이고 좌우대칭인 점이 조개의 껍질과는 다르다.

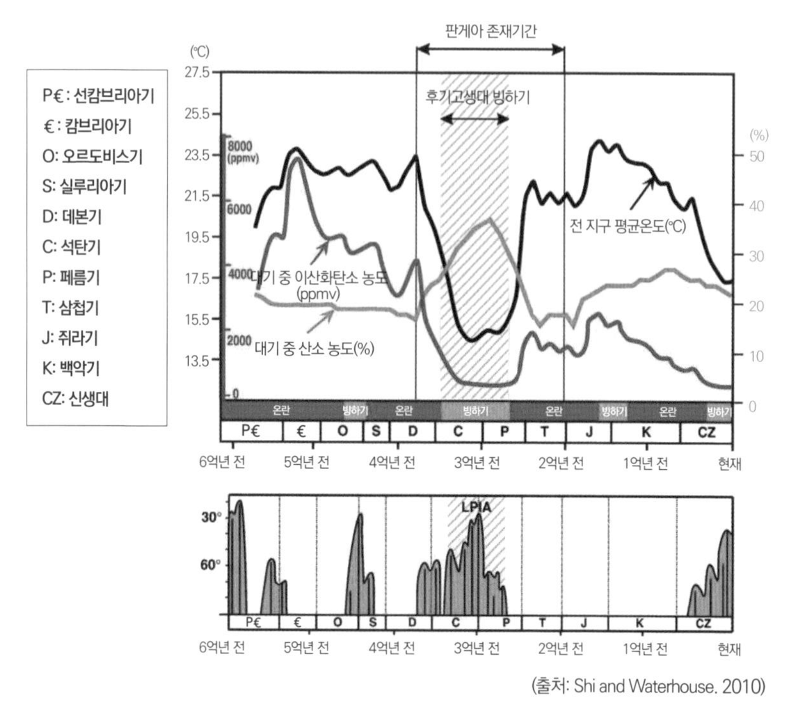

(출처: Shi and Waterhouse. 2010)

지난 6억년 동안 대기 중의 이산화탄소 농도, 산소 농도, 온도변화(위)와 같은 기간 발생한 빙하기를 나타낸 도표

퇴적학자인 나와 김영환 연구원은 기지 주변에 분포하는 퇴적암이 우리나라에서는 보기 힘든 후기고생대[04] 석회암이라는 것에 많은 기대를 했다. 약 3억5천만 년에서 2억8천만 년 전에는 빙하기와 비견되는 빙하가 남반구에 크게 발달했다. 이 당시 빙하의 발달과 쇠퇴가 미친 환경의 변화가 퇴적층에 어떤

---

04 후기고생대(석탄기-페름기): 지구가 생겨난 후의 시간을 여러 가지 기준으로 나누어 지질학적 시대를 정의한다. 이 중 고생대는 약 5억4천1백만년 전부터 약 2억5천2백만년 전 사이의 시대로 오래된 순서로 캄브리아기, 오르도비스기, 실루리아기, 데본기, 석탄기, 페름기로 이루어져 있으며, 이 중 석탄기(약3억5천9백만년 전-약2억9천9백만년 전)와 페름기(약2억9천9백만년 전-약 2억5천2백만년 전)를 보통 후기고생대라고 지칭한다.

기록으로 남아 있는지는 전 세계적으로 많이 연구되고 있다. 이 연구는 현재 기후변화에도 시사점을 주는 주제이기도 하다.

북극 다산과학기지가 위치한 브뢰거 반도 주변에는, 선캄브리아기[05]에 형성되어 그 이후에 변성작용[06]을 받은 변성 기반암이 있고, 그 위에 후기고생대 퇴적암이 분포하고 있다. 퇴적암은 변성작용을 겪지는 않았지만, 신생대에 서쪽으로부터 미는 힘을 받아서 저각역단층과 습곡[07]이 발달해 복잡한 구조를 가지고 있다. 우리가 연구하는 약 3억 년 전 퇴적암은 다산과학기지에서 북서쪽으로 약 5킬로미터 떨어진 해안과 산악지역에 잘 나타난다. 3억 년 전 지구상에는 단 하나의 대륙인 초대륙 판게아만이 존재했다. 다산과학기지 주변은 판게아 북쪽 가장자리의 얕은 바다에 있었다. 북위 40도 정도에 위치해 있어 온대기후였다고 예상되지만, 좁고 긴 우랄 해협을 통해 적도지방에 위치한 팔레오테티스해로부터 따뜻한 물이 유입되어 아열대 기후가 유지되고 있었다. 이후에 우랄 해협이 닫히면서 이곳의 기후는 점점 추워진다. 이런 경향은 당시 빙하가 사라지면서 점차 온난해지기 시작하던 전 지구적인 기후변화와는 반대방향이어서 매우 흥미롭다. 이와 같이 3억 년 전의 전 지구적인 기후변화와 지역적인 기후변화의 기록이 복합적으로 나타나있는 곳이 바로 다산과학기지 주변이다.

우리는 집중해서 연구할 곳을 찾기 전에 고생대 퇴적암이 분포하는 전 지역을 훑어보기로 했다. 먼저 다산과학기지 북서쪽에 있는 계곡을 가보기로 했다.

---

05 선캄브리아기(Precambrian Era): 생물이 눈에 띄게 많이 나타나기 시작하는 캄브리아기 이전(약 5억4천1백만 년 이전)의 시대를 이르는 용어

06 변성작용(metamorphism): 화성암과 퇴적암이 열과 압력을 받아 그 물리적 구조와, 광물 조성 등이 변화하는 작용

07 습곡(fold): 암석이 횡적 압력을 받아 구부러지는 변형 작용

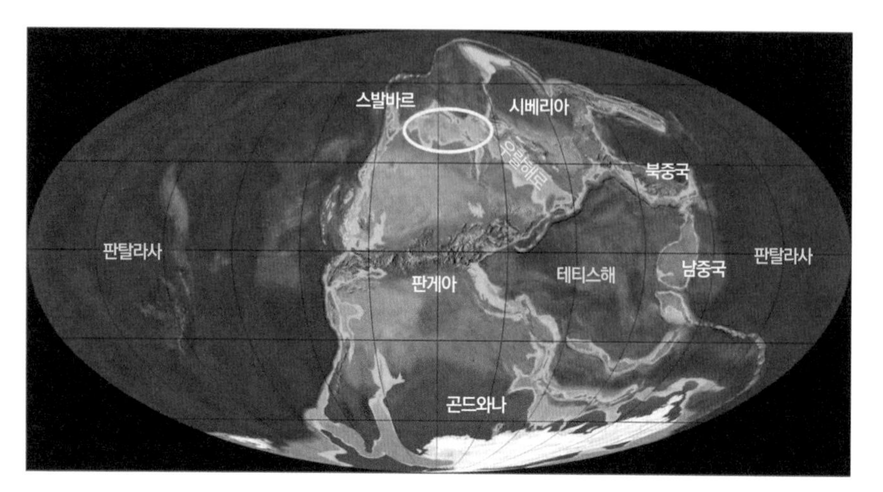

후기고생대(석탄기-페름기) 대륙과 바다를 보여주는 고지리
(출처 : Blakey 2008 논문)

브뢰거 반도의 북서쪽에는 해안에서 500미터 정도 내륙으로 들어온 곳에 높이 약 100미터의 절벽이 해안을 따라 발달해 있다. 이 절벽에 수직으로 발달한 계곡을 올라가며 퇴적층 관찰이 가능하리라고 생각했다. 기지에서 일터까지 가는 길은 생각보다 힘들었다. 자갈이 많은 길을 오래 걷는 것은 쉽지 않았다. 또 오랜 시간에 걸쳐 동토에 발달한 구조토[08]나 이끼층에 발자국을 남기는 것이 신경 쓰여 발걸음은 더뎠다. 계곡에 도착해서 찬찬히 암석을 관찰하기 시작했다. 중간까지 오르자 화석 조각이 많이 박혀있는 하얀 석회암이 나타나기 시작했다. 큰 덩어리를 골라서 깨보니 산호, 녹조류, 완족동물, 극피동물[09], 태형

08 구조토(patterned ground): 동토의 얼고 녹음에 의해 토양에 있는 서로 다른 크기의 입자가 분리되어, 일반적으로, 큰 입자들이 원형, 다각형, 직선 등 특정한 형태로 표면에 배열되어 만들어진 토양

09 극피동물(echinoderm): 가시가 난 피부와 방사대칭 체계를 가지는 동물군으로 성게, 바다나리, 해삼, 불가사리 등이 포함되어 있다.

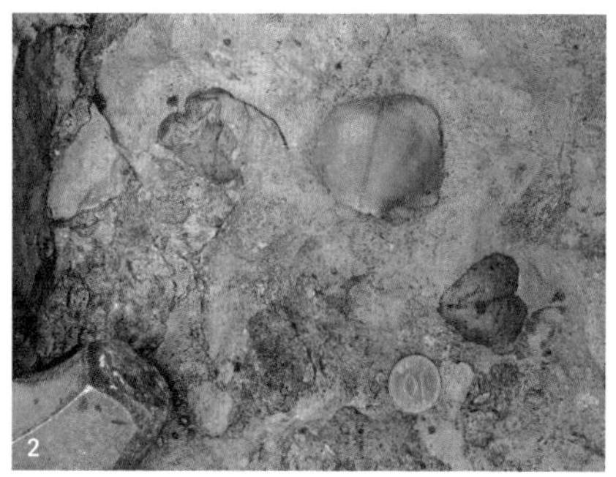

1. 야외조사 첫날 발견한 화석이 포함된 석회암. 해백합과 같은 극피동물 화석이 많다. 석회암을 깨면 화석의 단면뿐 아니라 화석동물의 원형을 채취할 수도 있다.　2. 사진은 석회암을 깨고 찾은 완족동물화석

동물[10], 삼엽충[11] 화석 조각이 무더기로 나왔다. 퇴적학자들은 그 자리에 앉아서 암석의 특징을 자세히 기록하기로 하고, 고생물학자들은 샘플을 수집하기 시작했다. 이곳을 발견하기 전에 관찰하느라 시간을 많이 써서 실제로 일할 수 있는 시간이 부족했다. 게다가 걸어오고 가고 하는데 쓰인 시간이 너무 아까웠다. 열흘만 계획하고 온 현장조사였기 때문에 시간이 너무 부족했다. 마침 계곡 입구에 조그만 오두막이 하나 있었다. 이 정도면 곰이 나타나도 숨을 수 있겠지 하는 생각이 들면서 야영한다면 하루에 세 시간쯤 추가 작업시간을 벌 수 있겠다는 생각이 들었다.

다음 날에는 셰텔리그피예렛산에 존재하는 암석을 보기 위해 두 번째 탐사를 나갔다. 공항에서 처음 본 산의 북동쪽 사면에 있는 횡적으로 잘 연결된 퇴

10　태형동물(bryozoan): 원형이나 관형의 작은 개체가 모여 나무, 덩어리, 편평한 모양의 고착성 군체를 이루어 사는 동물

11　삼엽충(trilobite): 절지동물에 속하는 멸종한 바다동물군으로, 가운데 축을 중심으로 양쪽으로 대칭인 머리 가슴 꼬리로 나누어지는 몸을 가지고 있다. 고생대를 대표하는 생물이다.

1. 석회암에서 산출되는 산호 2. 눈이 내린 셰텔리그피예렛산으로 올라가는 계곡
3. 해면동물과 비슷한 팔레오어플리시나(Palaeoaplysina) 화석 4. 산중턱에서의 휴식

적층에 나타날 퇴적구조가 정말 궁금하여 흥분되었다. 자갈밭을 밟으면서 능선을 따라가면 탐사에 충분한 높이까지 올라갈 수 있어 보였다. 같이 간 연구원들과 함께 즐거운 마음으로 출발했는데, 한 시간쯤 걸었을까 눈이 펄펄 내리기 시작했다. 여름 시즌보다 약간 늦게 갔지만 괜찮겠지 했는데 계절은 이미

겨울로 접어들고 있는 것 같았다. 어쨌든 짧은 일정에 많은 것을 보려고 욕심을 내어 올라갔다. 하지만 웬걸, 멀리서 볼 때는 자갈밭으로 생각했던 사면이 가까이에서 보니 사람 머리보다 큰 돌들이 쌓여 발을 디디기가 만만치 않았다. 또 경사가 급해 돌들이 겨우 사면에 놓여 있어 우리가 두 발을 내디디면 줄줄 흘러내려 한 발 내려가거나, 오히려 아래로 내려가기까지 하는 것이었다. 정말 물 위를 걷듯 한 발 디디면 그 발이 빠지기 전에 빨리 다른 발을 옮기는 기술을 발휘하고서야 목표한 곳에 도착할 수 있었다. 그런데 멀리서는 낮은 턱을 따라 나오는 것으로 보였던 퇴적층이 5미터도 넘는 절벽이었다. 공기가 깨끗해 멀리 있는 것도 뚜렷하게 보이다 보니 가깝다고 느껴서 실제보다 작은 것으로 여겼던 것이다. 생각보다 큰 퇴적층의 규모에 잠시 당황했지만, 다르게 생각하면 연구할 수 있는 재료가 많다는 점에서 반갑기도 했다. 절벽 가장자리에 오를 수 있는 곳을 따라 조심조심 올라가며 많은 산호 화석과, 이전에는 잘 알지 못하던 새로운 퇴적구조를 관찰하였다.

머릿속에 첫날 본 하얀 석회암과 그 안에 들어 있는 화석이 떠돌았다. 빨리 돌아가서 여유 있게 일하고 싶은 생각이 간절했다. 캠핑 계획을 이야기하니 모두 다 좋아하지는 않았다. 하지만 전체 일정이 길지 않았기 때문에 몇 시간이라도 절약해서 일하려는 생각에 결국은 모두 동의하고 준비에 돌입했다. 원래 계획하지 않았던 캠핑이지만, 기지 곳곳에 텐트, 코펠, 버너 같은 캠핑을 위한 장비는 충분했다. 문제는 식량이었는데, 의외로 다른 외국기지와 킹스베이에서 주말에 야영을 나가는 사람들이 많았기 때문에 야영식량 지원체계가 잘 되어 있었다. 특히 킹스베이 직원들은 일 년 동안 이곳에서 지내야 하기 때문에, 번잡한(?) 기지촌을 벗어나 해안가의 한적한 오두막에서 여유를 즐기려는 사람들이 많다고 한다. 야영에 필요한 리스트가 적힌 종이에 필요한 수량을 적어서 주방에 전달하면 다음날 아침에 음식을 내어주게 되어 있었다. 빵, 스프 등

1. 해안가 오두막 옆에서 캠프를 준비하는 모습　2. 오두막 안에 있는 나무 난로

몇 가지 음식을 적고, 한국에서처럼 고기도 구워 먹자면서 소고기 칸에도 4(인분)라고 적어 제출했다. 다음날 상자에 담긴 음식을 기지로 가져와서 정리하다 엄청난 고기 양에 놀랐다. 우리가 적은 4를 4킬로그램으로 생각하고 내준 것이다. 몇 명이 간다고 말한 적은 없으니, 그러려니 하고 준 것 같았다. 우리는 1킬로그램만 챙기고 나머지는 다음을 기약하며 냉장고에 잘 넣어두었다. 어쨌든 장비와 음식이 가득 든 가방을 챙겨서 비행장을 지나 조그만 다리를 건너려고 하자 부슬비가 내리기 시작했다. 순간 계속 가야 하나 하는 생각이 들었지만, 힘들게 준비한 캠핑을 중간에 포기하고 싶지 않았다. 열심히 걸어 오두막에 도착한 우리는 일단 짐을 넣어두고 화석이 나오는 돌 앞으로 가서 샘플링과 암상 기록을 시작했다. 하지만 계속 내리는 부슬비 때문에, 돌을 깨도 화석이 잘 보이지 않고, 암석에 있는 구조들도 젖어서 잘 보이지 않고, 설상가상으로 이를 기록해야 하는 모눈종이도 눅눅해져서 작업이 잘 진척되지 않았다.

결국 효율적인 현장 활동이라는 목적은 이루지 못하고 어둑해질 때쯤 내려와서 캠핑을 준비했다. 오두막 옆 널빤지로 만든 바닥에 4인용 텐트를 치고 침낭을 대충 펴놓고 오두막에서 저녁을 먹기로 했다. 오두막은 네 명이 앉으면 무릎이 맞닿는 규모였다. 사실 곰이 나타나면 우리가 이리로 도망온들 소용이 있을까라는 생각이 들기도 했다. 어쨌든 작은 스토브에 장작을 넣고 불을 때 젖은 몸을 녹였다. 오두막이 작고 스토브도 작아서 가까이 앉은 사람은 뜨겁고 멀리 앉은 사람은 문틈으로 들어오는 찬바람을 맞아야 해서 적당한 시간 간격을 두고 자리를 바꾸어 앉기도 하면서 낮에 본 퇴적암과 화석에 대한 이야기를 나누며 따뜻한 저녁을 먹었다. 오두막에 누워 잠을 자는 것은 불가능했기 때문에, 바깥에 친 텐트로 나와 잠자리에 들었다. 내가 가장 바깥쪽에 누웠고 총도 반장전 시킨 상태로 머리맡에 두고 잠을 청했다. 9월 중순이라 날은 춥고 빗방울이 텐트에 부딪히는 소리와 바람이 흔드는 소리 때문에 시끄럽고, 곰이 나타나면 신발을 신고 도망가야 할 텐데 신발을 들여놓아야 하나, 끈을 다 풀지 말고 헐겁게 묶어 놨어야 하나, 총을 먼저 장전하고 신을 신어야 하나 하는 많은 생각이 머릿속을 맴돌았다. 그나마 밤이 어둡고 피곤하게 일한 덕에 잠이 솔솔 왔던 것 같다. 다음날도 비는 추적추적 내렸지만 샘플링과 암상기록을 계속하고 대망의 첫 번째 캠핑을 마무리했다.

다음날 캠핑으로 기력이 많이 소진된 우리는 하루를 쉬기로 했다. 느지막이 일어나서 쉬고 있자니 지루했다. 어떻게 온 출장인데 이러고 있어도 되나 하는 생각도 들었고 기지에서 쉬면서 딱히 할 것이 없기도 했다. 뒷산에 올라가자고 했다. 숙소 창문 밖으로 보이는 뒷산인 제펠린피예렛(Zeppelinfjellet)산의 꼭대기에는 대기 관측소가 있고, 여기를 오르내리는 연구원들을 위해서 케이블카가 있지만, 연구원이나 특별 손님만 태워준다는 말을 들은 터라, 약간 빈정이 상해, 그걸 못 탈 바에야 걸어서 올라가보자는 생각이 들었다. 또한, 그곳에도 우리가 관심을 가지는 후기고생대 지층이 있었기에 직접 가서 보고 싶기도 했다. 기지에서 바로 정상으로 올라가는 길은 경사가 너무 급해 힘들다고 판단해서 서쪽으로 쭉 뻗은 능선을 타고 올라가기로 했다. 능선은 말 그대로 칼능선이었다. 한쪽은 기지가 보이는 절벽이었고 다른 한쪽은 서로벤빙하(Vestre Lovénbreen)로 바로 이어지는 절벽이었다. 멀리서만 봤던 빙하가 바로 발밑에 있는 풍경이 이색적이었다. 정상에 올라 대기 관측소까지 가볼까 하다가 열심히 연구하고 계신 분들을 방해할 것 같아, 바로 앞에서 준비해 간 컵라면을 먹고 내려왔다. 오르고 내리면서 후기고생대 퇴적암을 관찰하고 시료 채취도 하였다. 아직도 이때 같이 올라갔던 사람들끼리 모이면, 쉬기로 한날에 등산을 빙자한 현장조사를 했다고 모두 다 속았다는 말을 하곤 한다.

이후에는 빙하를 거슬러 올라가거나 배를 타고 남쪽으로 이동하면서 계획

1. 제펠린피예렛산의 능선을 오르는 지질학자들
2. 제펠린피예렛산에서 바라본 다산과학기지와 뉘올레순, 콩스피요르덴(Kongsfjorden) 전경

했던 곳을 모두 조사했다. 다산과학기지 주변 첫 번째 지질조사를 통해 지질도와 문헌에서는 얻을 수 없는 노두[12]의 연속성, 횡적 연결도, 변질 정도, 접근 가능성 등에 대한 생생한 정보를 얻을 수 있었다. 또한 이 지역에서 연구되지 않았던 고착성 동물인 산호 화석을 다양하게 많이 찾아냈다. 해면동물과 비슷한 팔레오어플리시나(Palaeoaplysina)와 필로이드 앨지(phylloidal algae)가 만든 생물초 화석(생물이 암초에 붙어 있던 흔적)을 발견하기도 했다. 탐사 후반부에 관찰한 페름기 중부 지층에서는 석탄기 석회암과는 매우 다른 해면동물과 태형동물 화석들이 나왔다. 이들은 과거에 이 지역이 차가운 바닷물에 잠겨 있었다는 것을 알려주는 화석들이다. 이곳에서도 과거 기후변화에 따라 동물군의 변화가 있었다는 것이 화석을 통해 뚜렷이 나타났다. 이런 정보를 바탕으로 우리는 연구 방향을 세웠고, 극지연구소와 대학에서 이에 대한 연구를 진행 중이다. 이곳에서 발견한 완족동물 화석을 바탕으로 고생물의 진화와 과거의 지리를 연결짓는 논문을 발표하기도 했다. 그 후 우리는 퇴적환경과 이를 조절한 요소들을 밝힌 논문을 쓰고 있다.

다산과학기지 주변 첫 번째 지질조사는 날씨가 불안정한 가을에 열흘이라는 짧은 기간 동안 이루어졌지만, 지금 수행중인 연구의 기반을 만들어냈기 때문에 큰 의미가 있다. 앞으로 우리는 북극 전 지역에 대한 고환경을 밝히는 종합적인 연구로 범위를 넓히려고 한다. 이를 위해 우리는 지난 3년간(2013~2015년) 매년 다산과학기지를 찾아왔고, 2016년에는 그린란드로 연구범위를 넓히기도 했다. 가까운 미래에 북극 전역의 종합적인 지질을 연구할 수 있게 되었을 때, 그 시작을 되새겨 보는 때가 오기를 희망한다.

12 노두(outcrop): 큰 규모 암석의 육상에 드러난 일부분

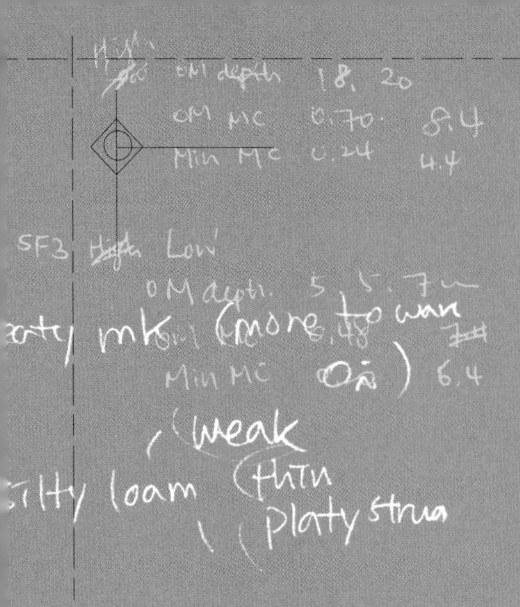

어제는 재이고 내일은 장작이다.

밝게 불타는 것은 오늘뿐이다.

이누이트

제3부 빙하의 땅 그린란드

© 정지웅

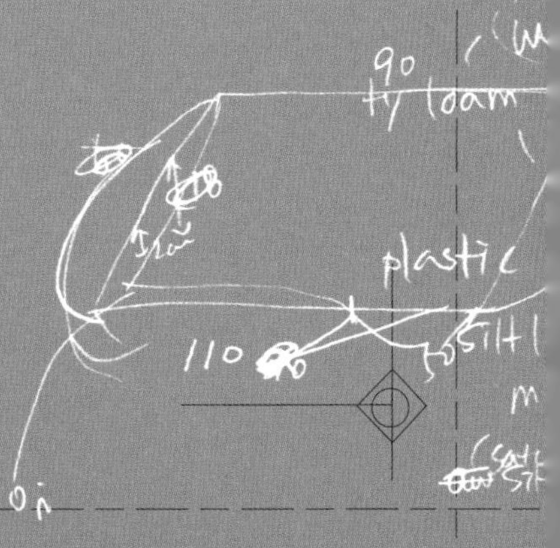

⌖ 북극 끝자락 동토에 숨겨진 화석

박태윤

그린란드 북쪽으로 가는 길

다산과학기지로 들어가는 관문인 롱이어비엔이 또 다른 북극 동토로 가는 관문이 되기도 한다는 사실은 다산과학기지 주변의 고생대 화석을 연구한 지 3년이 넘도록 모르고 있었다. 다산과학기지로 들어가려면 롱이어비엔에서 경비행기를 타고 뉘올레순으로 날아가야 하는데, 이 경비행기는 매주 월요일과 목요일만 운항한다. 종종 다른 날에도 특별기로 운항을 하기는 하지만, 그래도 운항하는 날보다 격납고에 머무는 날이 더 많아 보여 이 경비행기들이 쉬는 날에는 도대체 무엇을 할까 조금 궁금하기는 했었다.

롱이어비엔에서 북그린란드의 덴마크 공군기지인 스테이션노르(St. Nord)로 가는 경비행기를 타기로 되어있던 우리 일행은 매번 우리를 다산과학기지로 데려다주던 바로 그 경비행기가 눈앞에 등장하자 헛웃음이 나왔다. 미지의 땅 북그린란드로 우리를 데리고 갈 비행기가 다름 아닌 우리를 수도 없이 다산과학기지로 데려다 주었던 바로 그 비행기라니! 그렇게 2016년 7월 22일, 나를 포함한 극지연구소 연구원 네 명은 덴마크 연구자 두 명과 함께 처음으로 북그린란드 땅을 밟았다.

스테이션노르의 날씨는 영상 14도로 여기에서 근무하는 덴마크 공군들만

1. 스테이션노르의 관제탑과 숙소 건물들　2. 식당에서 제공하는 음식

큼이나 따뜻했다. 활주로를 비롯한 모든 길은 포장이 돼 있지 않아 먼지가 많이 날리기는 했어도 사람이라곤 전혀 살지 않는 북그린란드에 이 정도 시설이 어디인가. 이곳 숙소에는 낡은 2층 침대와 책상이 하나씩 있는 방이 6개가 있고, 공용 샤워실과 공용 화장실이 하나씩 있다. 상당히 낙후된 시설이지만, 머

무는 비용은 1인당 하루에 약 15만 원 정도로 비싼 편이다. 다만 제공되는 음식은 괜찮았다.

우리가 여기에 온 이유는 북그린란드의 유명한 화석산지인 시리우스 파셋(Sirius Passet)으로 가기 위해서다. 현재 지구상에 살아 있는 거의 모든 동물은 약 5억4천만 년 전 시작된 캄브리아기[01] 직전과 직후에, 폭발적인 형태 진화를 통해 우리가 알고 있는 형태의 근간을 이루게 되었다. 이 사건은 은유적으로 캄브리아기 대폭발(Cambrian explosion)이라고 불리며, 생물 진화의 역사에서 가장 중요한 이벤트로 여겨진다. 따라서 지질학적으로 상당히 짧은 시간 동안에 어떤 폭발적인 형태 진화가 일어났는지를 알기 위해선 캄브리아기의 동물 화석을 연구해야 한다. 그러나 불행히도 대부분의 경우, 생물은 딱딱한 부분만이 화석으로 남는다.

화석이 되기 위해선 돌에 흔적을 남겨야 하기 때문에, 돌처럼 딱딱한 부분만이 화석으로 남을 수밖에 없는 것이다. 바닷가 모래사장을 걷다 보면 조개껍질들이 모래에 묻혀 있는 것을 볼 수 있다. 조개의 말랑말랑한 부분은 썩어 없어지고 돌처럼 딱딱한 껍질만이 남아 있는 것으로, 계속해서 그 위로 모래나 퇴적물이 쌓이고 또 쌓이게 되면 이 해수욕장의 모래는 결국에는 조개껍질을 화석으로 포함한 사암이라는 퇴적암이 될 것이다. 화석이 될 수 있는 딱딱한 부분을 가진 동물은 전체 동물의 15%가 채 되지 않는다. 다시 말하면, 일반적인 화석 산지에서는 전체 동물의 85% 이상이 흔적조차 남지 않는다는 것이다. 게다가 화석으로 남는 동물조차도 딱딱한 부분을 제외한 부드러운 부분은 화

---

01 캄브리아기(Cambrian Period): 고생대가 시작되는 시기로 복잡한 다세포생물의 화석이 많이 발견되기 시작하는 첫 번째 시기이다.

석으로 남지 않으니 얼마나 안타까운 일인가.

그러나 놀랍게도 생물의 부드러운 부분까지 화석으로 남아 산출되는 곳이 전 세계에 몇 군데 존재한다. 특히 캄브리아기 동물의 부드러운 부분까지 화석으로 나오는 곳이라면 캄브리아기 대폭발 연구에 중요한 역할을 할 수 있을 것이다. 가장 유명한 캄브리아기 화석산지로는 캐나다의 버제스 셰일(Burgess shale)과 중국의 쳉쟝 생물군(Chengjiang biota)이 있고, 이에 버금가는 화석산지가 바로 북그린란드의 시리우스 파셋이다. 많은 연구가 진행되어 각각 약 200여 종의 동물이 보고된 버제스 셰일과 쳉쟝 생물군과는 달리 시리우스 파셋은 접근성이 극도로 제한된 탓에 아직까지 28종 밖에 보고되지 않은 채로 남아 있다.

누구나 가고 싶은, 아무나 갈 수 없는 시리우스 파셋

1984년 최초로 이 지역의 지질을 조사하던 그린란드 지질조사소의 히긴스(A. K. Higgins)와 소퍼(J. Soper)가 우연히 현재의 시리우스 파셋 화석산지에서 해면동물 화석을 찾아냈다. 1년 후 이곳으로 돌아온 히긴스는 여러 개의 부드러운 몸체가 보존된 화석을 발견했고, 이 화석을 영국의 고생물학자 콘웨이 모리스(Conway Morris)에게 보냈다. 이들을 통해 1987년 「네이처(Nature)」지에 화석들이 소개되면서 북그린란드 화석산지의 존재가 세상에 알려지게 되었다.

시리우스 파셋은 북위 82도가 넘는 피어리랜드(Peary Land)라는 땅에 있으며, 북극점에서 불과 800킬로미터 밖에 떨어지지 않은 곳이다. 북그린란드는 사람이 전혀 살지 않는 곳으로, 시리우스 파셋에서 사람 사는 가장 가까운 곳이 바로 동쪽으로 약 390킬로미터 떨어진 덴마크의 공군기지 스테이션노르다.

이 화석산지를 '시리우스 파셋'으로 명명한 사람은 당시 북그린란드의 지질

1989년 이루어진 최초의 고생물학 중심 현장조사 사진들 (© Jakob Vinther)

1, 2, 3. 시리우스 파셋 화석산지에서 샘플링 하는 모습　4. 샘플들을 상자에 포장하는 모습

도 작성에 참여했던 영국의 고생물학자 존 필(John Peel)이었다. 덴마크는 북그린란드지역의 덴마크 주권을 주장하기 위해 매년 봄마다 시리우스 썰매 순찰(Sirius sledge patrol)을 하는데, 바로 이 순찰대가 지나가는 계곡이 화석산지 가까이에 위치하고 있다는 점에 착안하여 이 화석산지를 시리우스 파셋이라고 부르게 된 것이다(덴마크어 passet은 영어의 pass와 비슷한 의미다).

그 이후 1989년 영국의 고생물학자들로 이루어진 연구팀이 처음으로 이 지역에서 캠핑을 하며 현장조사를 수행했고, 1991년과 1994년에 추가 현장조사가 있었으며, 그 후에는 2009년과 2011년 덴마크자연사박물관의 주도로 고생물학 중심의 현장조사가 진행되었다. 덴마크자연사박물관 주도의 현장조사가 이전의 영국 그룹의 현장조사와 달랐던 점은, 이들이 처음으로 화석이 산출되는 노두의 층준[02]을 발견했다는 사실이다. 층준은 암석의 화학적 조성이나 조직, 화석의 유무와 종류 등을 통해 해당 지층이 언제 어떻게 쌓인 것인지를 알아낸 것을 말한다. 히긴스가 처음으로 발견한 화석을 비롯해 영국 고생물학자들이 찾은 화석들은 암석이나 지층이 실제 드러나 있는 노두가 아니라 노두 주변에 풍화돼 흩어져 있는, 암반에서 떨어져 나와 원래 자리에 있지 않은 전석[03]에서 나온 것들이었다. 무슨 연유에선지 이들은 시리우스 파셋의 화석은 노두의 신선한 암석에서는 알아볼 수 없고, 어느 정도 풍화가 진행된 전석에서만 알아볼 수 있다고 생각했던 것이다. 따라서 2009년과 2011년에 걸친 현장조사에서는 화석이 산출되는 노두의 층준을 찾고, 각각의 층준마다 어떠한 종류의 화석들이 나오는지를 확인하는 것에 초점을 맞췄다. 하지만 이후 찾아온 전 세

---

02 층준(層準, stratigraphic horizon): 지층 가운데 특징이 있는 암상(巖相)을 가지며, 수평으로 널리 이어져 쉽게 추적할 수 있는 단층(單層)

03 전석(轉石, boulder stone): 암반에서 떨어져 원위치에서 밀려 나간 돌

계적인 경제 위기의 여파로 시리우스 파셋의 현장조사는 더 이상 이루어지지 못하고 있는 상황이었는데, 극지연구소의 주도로 2016년 현장조사가 이루어질 수 있었다.

북극에서 연구는 날씨의 도움이 절실해

2016년 7월 25일 나는 시리우스 파셋에 처음으로 발을 내딛었다. 첫 느낌은 마치 낙원에 온 듯 했다. 북위 82도가 넘는 고위도인데도 섭씨 15도 이상의 따뜻한 날씨 때문인지, 생태계가 너무도 풍부했기 때문이다. 저 멀리 언덕에는 사향소와 북극토끼들이 뛰놀고, 다양한 종류의 꽃들이 피어있는 풀밭 위로 예거라는 새가 날아다니며 울고 있었다. 놀라운 점은 이토록 풍부한 북그린란드 지역의 생태 연구가 제대로 수행된 적이 없다는 것이다. 함께 현장조사를 수행했던 극지연구소의 생태학자 이원영 박사는 이 지역의 사향소 및 새들의 행동 생태를 최초로 연구할 수 있었다.

7월 25일 캠프를 설치하여 8월 12일 철수할 때까지 17일의 시간적 여유가 있었지만, 좋지 못한 날씨 탓에 9일 정도 밖에 일을 할 수 없었다. 불행히도 이 시기가 바로 이 지역의 계절이 여름에서 가을로 바뀌는 환절기였기 때문이다. 이는 현장조사를 함께 했던 덴마크 연구자들도 미처 예상하지 못했던 것이었다. 이들이 참여했던 2009년과 2011년의 현장조사는 7월 중순에 이뤄졌으며, 그때의 날씨는 하루를 제외하곤 너무나 좋았다고 한다. 그럼에도 시리우스 파셋은 북위 82도가 넘는 북극인지라, 영상 15도를 웃돌던 날씨가 갑작스레 추워지더니 눈까지 내려서 쌓인다. 저 멀리 남쪽의 산봉우리 위로 보이는 내륙의 빙하에서 불어오는 강한 바람은 마치 남극의 활강풍(Katabatic wind)을 떠올리게 할 정도였다. 남극에서 쓰는 것과 같은 종류의 텐트 및 캠핑 장비를 가져간 것은 정말

시리우스 파셋 주변의 풍부한 생태계

잘한 결정이었다고 덴마크 연구자들이 말했다.

화석 산지는 캠프에서 약 3킬로미터 떨어진 해발 약 400미터의 산 중턱에 위치해 있어 오르락내리락하는 데만 두 시간이 걸렸다. 좋지 못한 날씨 때문에 8일을 허비했음에도 화석 샘플링은 성공적이었다. 이전 탐사에서 덴마크 연구자들이 화석이 나오는 노두를 잘 찾아놓은 덕분에 이번에는 가장 화석이 잘 나오는 층준을 집중적으로 공략할 수 있었다. 기존에 보고되지 않은 새로운 화석

종들도 다수 찾았으며, 이미 보고되었던 종이라 할지라도 훨씬 좋은 보존 상태의 샘플을 찾을 수 있었다. 캠프 철수 직전에 상자에 담은 화석 샘플의 무게를 재보니 600킬로그램이 넘었다.

시리우스 파셋에서 채취한 샘플들은 극지연구소에서 연구중이다. 우리가 채취한 화석은 다양한 종류의 캄브리아기 무척추동물 화석이다. 거의 모든 화석이 캄브리아기 대폭발시기 동물의 초기 진화를 연구하는데 중추적인 역할을 할 것이다. 시리우스 파셋과 같은 화석산지를 연구하는 것은 모든 고생물학자에게는 꿈과 같은 일이다. 버제스 셰일과 쳉장 동물군을 연구하여 세계적 명성을 얻은 고생물학자들도 너무나 가고 싶지만 갈 수 없었던 곳이 바로 시리우

극지연구소의 2016년 시리우스 파셋 캠프 전경

2016년 시리우스 파셋에서 채취한 무척추동물 화석들.
1. 삼엽충인 *Nevadella*　2. 절지동물 *Arthroaspis*
3. 연체동물 *Halkieria*　4. 환형동물 *Phragmochaeta*
5. 다리가 두 개 달린 두족류로 알려진 nectocaridid의 화석

스 파셋이기 때문이다. 극지연구소에서 연구를 하는 고생물학자로서 다산과학 기지에서 처음 시작한 북극의 고생물학 연구가 북그린란드의 시리우스 파셋으로 이어지게 되어 더할 나위 없이 기쁘다. 앞으로 이뤄질 시리우스 파셋의 화석 연구를 통해 캄브리아기 대폭발로 불리는 초기 동물 진화의 비밀을 하나둘씩 풀어갈 생각을 하면 매일 밤 가슴이 두근거린다.

그린란드에서 만난 동물

이원영

그린란드 북동쪽엔 세계에서 가장 넓은 국립공원이 있다. 말이 국립공원이지 대부분은 빙하로 덮여 있고 해안도 일 년 내내 얼어 있다. 그간 원주민도 살지 못한 척박한 땅이다. 하지만 인간을 제외하고 사향소, 회색늑대, 북극토끼, 북극여우 등의 포유류를 비롯하여, 붉은가슴도요, 흰죽지물떼새, 꼬까도요 등의 조류가 번식한다. 그럼에도 불구하고 접근성이 워낙 떨어지기 때문에 북극의 동물을 연구하는 사람들에겐 여전히 미지의 땅으로 남아 있다.

그린란드의 북동쪽, 북극흰갈매기의 땅

북극을 대표하는 동물을 꼽으라면 보통 사람들은 '북극곰'을 떠올리지만, 새를 좋아하는 사람들은 단연 '북극흰갈매기(Ivory Gull, *Pagophila eburnea*)'를 생각한다. 북극에서도 극지점에 가까운 고위도 지방에서만 간간히 관찰되는 희귀종이기 때문이다. 18세기 후반에서야 사람들에게 알려지기 시작했고, 19세기 들어서 정식 이름을 얻게 됐다. 속명(genus name)인 '*Pagophila*'에서 Pago는 고대 그리스어로 해빙을 뜻하는 Pagos에서 유래됐으며, 종명(species name)인 '*eburnea*'는 라틴어로 아이보리색을 의미한다. 이들은 추운 겨울이 와도 다른 새들과 달리 멀리 남쪽으로 이동하지 않는다. 바다에서 작은 물고기나 갑각류를 잡기도 하지만, 북극곰이나 물범이 남긴 잔해물을 먹기도 한다.

스테이션노르의 북극흰갈매기

북그린란드로 들어가는 길목인 스테이션노르(St. Nord)에선 북극흰갈매기를 볼 수 있다. 식사 시간이 끝날 무렵이면, 기지 식당 뒤편엔 3~4마리가 늘 대기 중이다. 기지에서 사람이 먹고 남은 음식찌꺼기에 맛을 들인 모양이다. 비록 기대했던 우아하고 아름다운 모습은 아니었지만, 북그린란드로 들어가는 초입부터 희귀종을 매일 만나는 행운을 누렸다.

그린란드의 북쪽 끝, 코크피오르드

스테이션노르에서 비행기를 타고 2시간 정도 북서쪽으로 날아가면, 그린란드의 북쪽 끝, 피어리랜드(Peary Land)가 나타난다. 2016년과 2017년 두 번의 여름 동안, 그린란드의 북쪽 끝 코크피오르드(Koch Fjord)에 캠프를 차리고 동물상을 조사했다. 북그린란드의 고생대 화석산지, 시리우스 파셋(Sirius Passet)이 있는 곳이다. 박태윤 박사를 비롯한 지질학자들이 화석과 퇴적층을 조사하는 동안, 나는 그 일대에 어떤 생물들이 살고 있는지를 관찰했다.

이 지역은 아직까지 제대로 된 육상생태조사가 이루어진 적이 없었다. 고생대 화석산지로 유명한 곳이라서 지질학자들의 현장방문이 몇 차례 있었을 뿐이다. 덴마크 연구자들이 비정기적으로 모니터링을 해오긴 했지만 비행기 위에서 촬영한 사진을 토대로 넓은 지역을 조사하는데 초점을 맞췄다. 육지에 내려서 캠프를 차리고 정밀한 관찰을 한 것은 이번이 처음이었다.

아무도 가보지 않은 곳을 연구한다는 것은 가슴 뛰는 일이다. 마치 우주선을 타고 다른 행성을 찾아가는 기분과 같다. 하지만 같은 이유로 인해서 연구계획을 짜기가 무척 어렵다. 어떤 생물상이 어떻게 분포하고 있을지 사전 정보를 전혀 모르기 때문에, 필요한 물품과 장비를 준비하기가 힘들다.

사향소의 거친 숨소리

사향소(Muskox, *Ovibos moschatus*)는 풀을 뜯는 북극의 초식동물이다. 머리 양 옆으로 커다란 뿔이 나 있고 치렁치렁 검은 털을 몸에 휘감은 채 동토를 걷는다. 그 특이한 생김새 덕택에 다른 동물과 전혀 헷갈리지 않고 쉽게 알아볼 수 있다. 이들은 커다란 덩치에 걸맞지 않게 사람이 다가가면 지레 겁을 먹고 도망간다. 보통 수컷 한 마리가 무리를 이끄는데, 포식자가 나타나면 수컷은 새끼를 안쪽으로 감싸고 암컷들을 등지고 선다. 원형의 방어선을 만들어 늑대 무리에 맞선다.

홀로 다니는 사향소는 위험하다. 어리거나 나이 든 수컷인 경우가 많은데, 이 녀석들은 포식자의 공격에 쉽게 노출되어 있다. 그래서 경계심이 특히 강하

그린란드의 사향소 (© Dr. Jakob Vinther)

다. 사람이 너무 가까이 다가가면 공격할 수도 있다. 어느 날, 바로 코앞에서 녀석을 만난 적이 있다. 바닥을 보며 걷다가 무심코 사향소의 공간 속으로 들어갔다. 사향소 역시 먹이를 먹느라 정신이 팔려서 나를 뒤늦게 알아챘다. "프흐흣, 프흐흣" 씩씩대는 거친 숨소리, 육식동물 같은 살기가 느껴졌다. 나는 간신히 사진 몇 장을 찍고서 뒷걸음질 쳤다.

그린란드늑대와의 만남

회색늑대(Gray wolf, *Canis lupus*)는 북극 전역에 분포한다. 회색늑대의 여러 아종 가운데 그린란드늑대(Greenland wolf, *Canis lupus orion*)는 북그린란드에서 캐나다 북부 퀸엘리자베스 군도(Queen Elizabeth Islands)에 걸쳐 관찰된다.

사향소와 북극토끼를 잡아먹는 무서운 육식동물이지만, 그린란드에선 먹이 부족으로 숫자가 많이 줄어 1998년 기준으로 55마리가 남아 있다고 알려져 있다. 2017년 7월, 그렇게 희귀하다고 알려진 그린란드늑대를 무려 세 번이나 만나는 행운을 누렸다.

고기를 구워먹는 날 저녁, 두 마리가 처음 캠프를 찾았다. 그때 맛본 음식물 탓인지 그 후로 일주일에 한 번씩 나타났다. 전혀 사람을 두려워하는 모습이 아니었다. 준비해 간 공포탄을 쏘아도 쉽사리 도망가지 않았다. 오히려 사람의 냄새에 관심을 나타내며 텐트 밖에 걸어놓은 가방이나 신발을 들고 가거나 물어뜯기도 했다. 그리고 마치 영역 표시를 하듯 캠프 주변에 배설물을 잔뜩 남겨놓고 떠났다.

맨발로 텐트에서 뛰어나와 그린란드늑대의 사진을 찍는 연구자

꼬까도요의 울음소리

북그린란드에서 가장 흔히 관찰되는 새는 꼬까도요(Ruddy Turnstone, *Arenaria interpres*)이다. 붉고 검은 알록달록한 어깨부분 깃털 때문에 '꼬까'라는 이름이 붙었다. 다른 도요목 조류들은 어두운 잿빛을 띄는 경우가 많지만, 꼬까도요는 나름 화려한 색을 가지고 있다. 우리나라에서도 봄과 가을에 걸쳐 이동시기에 갯벌에서 많이 관찰된다.

꼬까도요의 둥지는 보잘 것 없다. 어미가 앉으면 딱 들어맞을 만한 곳에 그저 풀잎 몇 개를 잘 다듬어 놓았다. 그 얕고 오목한 구덩이에 4개의 알을 낳고 품는다. 꼬까도요의 입장에서 보면, 인간은 커다란 육상 포유류 가운데 하나

침입자 사람에게 큰 소리로 울며 방어행동을 하는 꼬까도요 어미

다. 자주 본 침입자는 아니지만, 자기 새끼와 알을 가져갈 수 있는 잠재적인 포식자라고 할 수 있다. 실제로 북극 원주민들에게 조류의 알은 주요 식량자원이다. 연구자의 입장에선 조금 억울하다. 나는 전혀 그들을 해칠 마음이 없는 선량한 사람이다. 하지만 이런 마음을 꼬까도요가 알 리가 없다. 둥지에 더 가까이 다가갈수록 더 큰 소리로 울부짖으며 격렬히 방어한다.

보잘 것 없는 둥지의 형태 덕분에 포식자의 눈에 쉽사리 띄지 않는다. 나 역시 마찬가지다. 귀가 따가우리만큼 거칠게 울어대는 꼬까도요 어미는 잘 보이지만, 정작 둥지의 위치를 찾기란 어렵다. 둥지를 찾아야 어미가 알을 몇 개나 산란했는지, 새끼는 몇 마리나 태어났는지를 알 수 있다. 번식조사를 위해선 반드시 필요한 부분이다.

둥지를 찾기 위해 우선 꼬까도요의 방어행동을 유심히 관찰했다. 어미새는 둥지에서 알을 품다가 근처에 침입자가 나타나면 "피욧-피욧-피욧-"하며 큰 경계음을 내며, 둥지에서 멀리 떨어진 곳으로 날아간다. 그리고 큰 소리로 울면서 침입자의 주의를 끌며 둥지에서 떨어진 곳으로 유인한다. 결국, 꼬까도요의 울음소리를 듣고 그 주변에서 둥지의 위치를 찾는 것은 무의미했다. 어떻게 하면 둥지를 찾을 수 있을지 고민하던 끝에 드디어 방법을 알아냈다. 바로 '처음 어미가 날아오르기 시작한 지점'을 살피는 것이다. 보통 침입자가 둥지에서 50~100미터 떨어진 지점까지 다가오면 이미 알아차리고 날기 때문에, 나는 늘 눈을 크게 뜨고 먼 거리까지 자세히 보며 걸어야 했다. 이런 방식으로 어미가 날아올랐다고 예상되는 곳에 가서 그 주변을 열심히 뒤지다 보면 둥지를 발견할 수 있었다.

북극토끼의 뜀박질

북극에도 나무가 있다. 대표적인 나무 중 하나가 북극버들(Arctic willow, *Salix arctica*)이다. 땅바닥을 따라 옆으로 자란다. 죽은 가지의 단면을 잘라 나이테를 세어보니 90년이 넘은 것도 있었다. 북극버들의 잎사귀와 열매는 사향소와 북극토끼(Arctic hare, *Lepus arcticus*)에게 중요한 먹이원이다. 북극토끼가 북극버들의 뿌리를 파서 먹는 모습이 종종 관찰되기도 했다.

북극토끼는 빠르다. 급히 달릴 땐 앞발을 들고 긴 뒷다리만 이용해 캥거루처럼 달리기도 한다. 최대 속도는 시속 60킬로미터에 이른다고 알려져 있다. 일반적으로 알려진 '토끼(rabbit)'보다 귀가 짧은 편이고 추위에 잘 견딘다.

2016년, 2017년 두 번의 여름을 북극의 동물들과 함께 했다. 북극점 가까이, 여름에도 바다가 어는 곳에도 많은 동물들이 새끼를 낳고 키운다. 비록 북극에

북극버들 뿌리를 파먹는 북극토끼

서 머문 기간은 한 달 남짓에 불과했지만, 그들과 조금은 가까워진 기분이 든다.

그저 북극에 한 번 가보고 싶은 마음에 시작한 연구였지만, 이제 덴마크 연구자들도 부러워할 만큼 희귀한 관찰들과 경험을 쌓았다. 북극흰갈매기의 비행을 봤으며 그린란드늑대를 만났다. 학술적으로 중요한 기록도 남겼다. 북그린란드에서 이제껏 기록에 없었던 붉은배지느러미발도요(Grey phalarope, *Phalaropus fulicarius*), 긴발톱멧새(Lapland longspur, *Calcarius lapponicus*) 등의 번식을 처음으로 확인했다.

야생동물 도감을 찾아보면, 우리나라에 오는 큰기러기, 가창오리, 재갈매기 같은 겨울철새들은 모두 북극권 동물들이다. 이들은 여름에 북극에서 번식을 하고, 따뜻한 곳에서 겨울을 나기 위해 남쪽에 있는 한국으로 내려온다. 매년 겨울이면 우리는 늘 북극과 한국을 오가는 새들을 만나고 있는 셈이다. 기회가 된다면 주변에서 북극의 새를 한번 찾아보길 권한다. 북극의 흔적은 생각보다 가까이 있다.

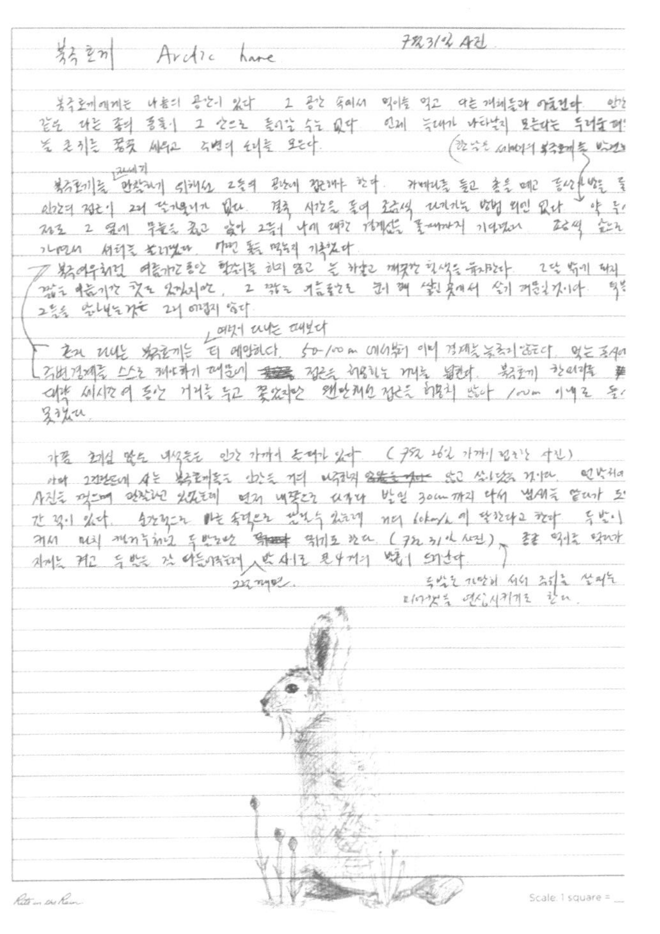

북극토끼의 관찰노트와 그림

◈ 빙하, 과거로의 입구에 서서

이강현

2017년 6월 25일 일요일

미국 공군 수송기의 흔들림이 멈추고 이윽고 빙원 위에 첫발을 내디뎠을 때, 내 눈 앞에는 새하얀 빙원이 끝없이 펼쳐져 있었다. 생애 두 번째의 극지였다. 2001년 남극 세종과학기지에서 1년간 월동 생활을 한 후 16년 만이었다. 나는 처음 세종과학기지를 향하는 비행기 안에서 남극 대륙이 다가오는 모습을 보았을 때 느꼈던 감격을 다시금 느낄 수 있었다. 아울러 지난 4일간 러시아의 모스크바, 덴마크의 코펜하겐 그리고 그린란드 칸게를루수악(Kangerlussuaq)까지 네 번이나 비행기를 갈아타야 했던 긴 여정의 피로가 말끔히 씻겨나갔다.

이번에 방문한 곳은 NEGIS(North East Greenland Ice Stream)라 불리는 그린란드 동북쪽에 위치한 빙하지대로서, 이 곳에서는 지난 2016년부터 덴마크를 주축으로 전 세계 12개국의 빙하학자들이 모여 2,500미터 깊이의 심부 빙하코어를 시추하는 이스트그립 프로젝트가 진행되고 있다.

빙하코어를 이용한 과거의 기후변화 연구는 1960년대에 덴마크의 과학자 윌리 단스가드(Willi Dansgaard)가 기온에 따라 물 분자의 무게가 달라진다는 사실을 발견하면서 본격적으로 시작되었다. 빙하를 이루는 물 분자(H_2O)는

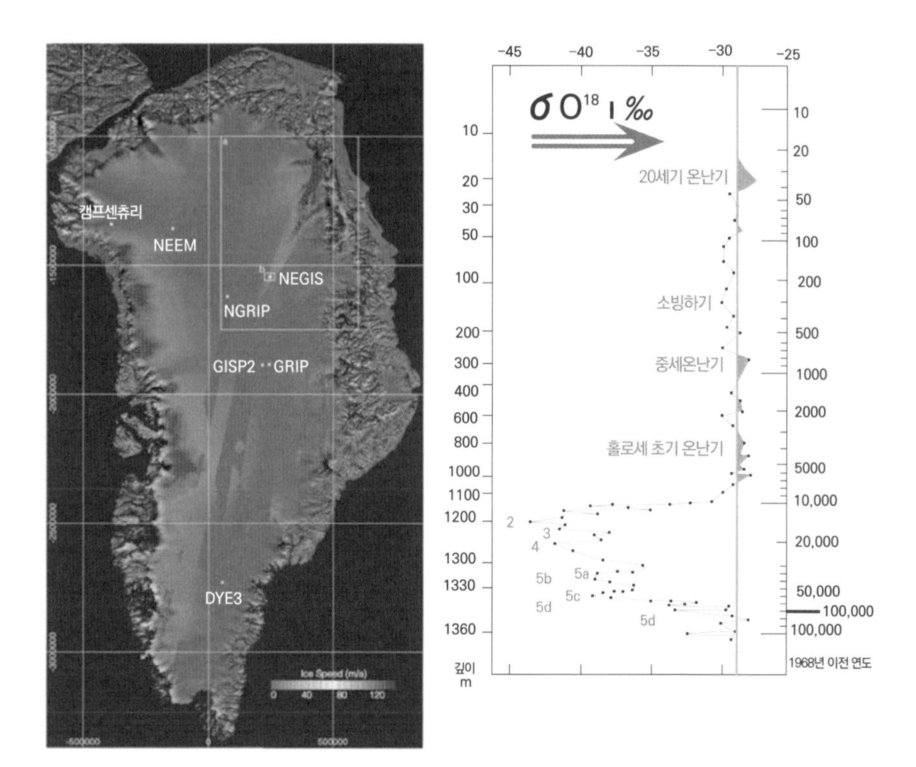

그린란드 심부빙하코어 시추지점(왼쪽)과 그린란드 캠프 센츄리 빙하코어에서 복원한 과거 10만년 동안의 기온 변화 기록(오른쪽) (출처: 왼쪽 Vallelonga et al, 2012; 오른쪽 Dansgaard, 2005)

산소원자 1개와 수소원자 2개가 결합해서 만들어지는데, 산소와 수소원자에는 동위원소라 불리는 각기 무게가 다른 2~3개의 원자가 존재한다. 물 분자가 증발할 때는 가벼운 분자가 더 많이 증발되는 반면 눈이나 비로 내릴 때는 무거운 분자가 먼저 내리게 된다. 과거, 지구의 기후가 추울 때는 바다에서 증발한 수분이 극지방으로 이동할 때 중간에 눈이나 비로 내리는 양이 많아지기 때문에 극지방에 닿기 전에 무거운 물 분자가 많이 제거되며, 이로 인해 추운 빙하기에는 빙하의 물 분자 무게가 지금에 비해 가벼워진다. 윌리 단스가드는 물 분자의 이러한 특성을 이용해서 그린란드에서 시추한 빙하코어로부터 처음으로 과거 지구에 빙하기가 존재했었다는 사실을 확인하였다. 이후 남극과 그린란드의 여러 지역에서 시추한 빙하코어를 이용하여 과거의 기후와 대기 환경 변화를 복원하는 연구가 활발하게 진행되어왔다. 특히, 1,000미터 깊이 이상의 심부빙하코어는 수 만 년 전 빙하기로부터 현재의 간빙기에 이르기까지 자연적으로 일어나는 지구의 기후변화 메커니즘을 보여주기 때문에 앞으로의 기후변화를 연구하는데 있어 매우 중요한 시료로 알려져 있다.

지금까지 그린란드에서는 여섯 번의 심부빙하코어 시추가 이루어졌다, 그린란드 심부빙하코어에서 밝혀진 과거의 기후변화를 살펴보면 과거 10만 년 동안 대부분의 시기는 지금보다 20도 이상 기온이 낮은 빙하기가 지속되다가 1만 년 전부터 비로소 지금의 간빙기가 시작된 것으로 확인되었다. 또한 빙하기라 할지라도 춥기만 한 것이 아니라 추운 아빙기(Stadial)와 비교적 덜 추운 아간빙기(Interstadial)가 교대로 나타나는 기후변화를 보였으며, 간빙기 동안에도 중세 온난기(Medieval warm period), 소빙하기(Little ice age) 등 끊임없이 기후가 변화하였음을 알게 되었다. 이외에도 빙하기에서 간빙기로 변화하는 동안 불과 수십 년 만에 기온이 10도 가까이 급격하게 증가하는 등 자연적인 기후변화 메커니즘이 매우 복잡하며 다양한 요인에 영향을 받는다는 것을 알게 되면서 최근에는 빙하코어를 통해 이전까지 알려지지 않은 새로운 기후변화 요인에 대한 정밀한 연구가 진행되고 있다.

이번에 참가한 이스트그립(EastGRIP) 프로젝트는 그린란드에서 일곱 번째로 시추하는 심부빙하코어로서 최근 급격하게 녹고 있는 그린란드 빙하의 흐름과 기후변화의 연관성을 밝히기 위해 진행되고 있는 프로젝트이다. 또한, 이스트그립 프로젝트는 세계 여러 나라의 젊은 과학자들에게 심부빙하코어 시추 현장을 경험할 수 있는 기회를 제공해 빙하연구 인력을 양성하는 교육의 장으로도 활용되고 있다. 이 때문에 나와 함께 캠프 생활을 했던 스물두 명의 연구원들 중 반 수 이상이 박사 학위과정 중에 있는 학생이거나 최근에 학위를 취득한 신진 연구원들이었다. 10년이 넘게 빙하를 연구해 온 나에게도 심부빙하코어 시추현장은 처음이어서 한 달간의 시추캠프 생활이 걱정 반 기대 반으로 다가왔다.

2017년 7월 6일 목요일

그린란드 이스트그립 심부빙하코어 시추캠프에 온지도 열흘이 넘었다. 이제 영하 30도까지 내려가는 이곳의 날씨에도, 하루 종일 떠 있는 태양에도 어느 정도 적응이 되었다. 캠프의 일과는 보통 7시에 시작된다. 7시부터 8시 반까지 아침식사 시간이다. 아침식사는 주방 앞 선반에 놓여 있는 빵이나 시리얼, 과일 등을 연구원들이 각자의 취향에 맞게 준비해서 먹는다. 아침식사를 마친 연구원들이 사용한 집기를 주방 한 켠에 쌓아 놓으면 그날의 설거지 당번인 연구원이 한꺼번에 몰아서 씻는다. 캠프에 머무는 연구원들은 주방보조, 설거지, 생활관 관리, 식수 관리 등의 업무를 돌아가면서 맡게 된다. 주방보조는 말 그대로 요리사가 식사 준비를 하는 것을 돕는 일이다. 생활관 관리는 식당과 사무실이 위치한 돔 생활관의 청소 및 공용 수건 세탁 등의 일을 한다. 당번 중 재미있는 것이 바로 식수 관리 당번이다. 주변이 모두 눈과 얼음으로 둘러싸인 캠프의 특성 상 필요한 물은 모두 눈을 녹여서 확보하여야 한다. 스물두 명의 연구원들이 사용하는 물을 확보하기 위해서는 꽤 많은 양의 눈을 녹여야 하며, 이 때문에 따로 당번을 정해서 물탱크에 눈을 담는 일을 맡긴다.

빙하코어 시추는 보통 오전 8시 반에 시작하여 자정 즈음에 끝난다. 내가 머무는 동안 캠프에는 모두 다섯 명의 전문 시추기술자가 있었다. 가장 경력이

시추캠프의 일상 1. 카이트 스키 강습
2. 식수로 사용 할 눈을 운반 중인 식수 관리 당번 (출처: 이스트그립 홈페이지)
3. 토요일 오후 노천카페에서 휴식을 즐기는 연구원들 4. 식사준비를 돕는 주방보조 당번

많은 한센(Steffen Bo Hansen)은 지난 40년간 다섯 번의 그린란드 심부빙하코어 시추와 두 번의 남극 심부빙하코어 시추에 참여했던 베테랑이다. 한센을 제외한 네 명의 시추기술자는 모두 이번 심부빙하코어 시추가 처음이거나 두 번째인 젊은 기술자들이다. 빙하연구 분야에 세대교체가 이루어지고 있는 중이다. 시추기술자들이 시추를 시작한지 한 시간 즈음 후에 나를 비롯해서 빙하코어 기록업무(Logging)를 맡은 연구원들이 시추동굴(Drill trench)로 향한다. 시추를 시작해서 빙하코어가 올라올 때까지 한 시간 정도가 걸리기 때문이다. 빙하코어 기록업무는 시추한 빙하코어가 올라오면 코어의 상태를 점검

1. 빙하코어 시추동굴 입구 2. 1000번째 빙하코어 시료 3. 빙하코어 시추작업

하고 길이 등을 측정하여 기록하는 일이다. 한번 시추할 때 올라오는 빙하코어의 길이는 1~2미터 정도로, 종종 시추한 빙하코어가 몇 개의 조각으로 부수어져서 올라오는 경우가 있는데 그럴 때면 부수어진 조각들을 퍼즐 맞추듯 제자리에 맞추는 것도 기록업무를 맡은 연구원의 몫이다. 나와 함께 이번 캠프 기간 동안 빙하코어 기록업무를 맡은 연구원은 덴마크의 키에르(Helle Astrid Kjær)와 보르그(S ø rn Borg), 그리고 캠프의 의사인 헵스트(Mayu Herbst) 등 모두 네 명이다. 우리는 두 명씩 하루 4교대로 빙하코어 기록 업무를 진행했다. 업무 자체는 고된 편이 아니지만 빙하코어를 기록하는 동안 코어가 녹는 것을 막기 위해 기록실의 온도를 영하 30도로 유지하고 있는데다 계속해서 얼음상태의 빙하코어를 취급해야하기 때문에 한 사람이 오랜 시간 동안 일하기에는 한계가 있다.

기록이 끝난 빙하코어는 기록실 옆에 있는 코어저장소에서 일 년간 보관한 후 내년 현장연구 때 다양한 연구를 수행한다. 일 년간의 보관기간을 두는 이유는 수백~수천 미터 깊이에 있던 빙하시료가 표층으로 끌어올려졌을 때 빙하코어가 받는 압력이 변화하기 때문에 연구 도중 파손될 우려가 있기 때문이다. 실제로 내가 빙하코어를 기록하는 동안에도 저절로 부수어지는 경우를 종종 볼 수 있었다. 일 년간의 안정화 기간이 끝난 빙하코어들은 연구동굴(Science trench)로 옮겨져서 시추 현장에서 수행할 수 있는 기본적인 연구에 이용되며, 이후 여러 나라에서 이루어지는 본격적인 연구를 위해 연구시료를 나누는 작업도 이때 이루어진다.

이스트그립 캠프에서는 심부빙하코어 시추 외에도 각각의 연구원들이 관심을 갖고 있는 다양한 주제의 연구가 진행된다. 오늘은 마침 시추기술자들이 심부빙하코어 시추를 멈추고 시추구멍을 청소하는 작업을 진행한 덕분에 나는

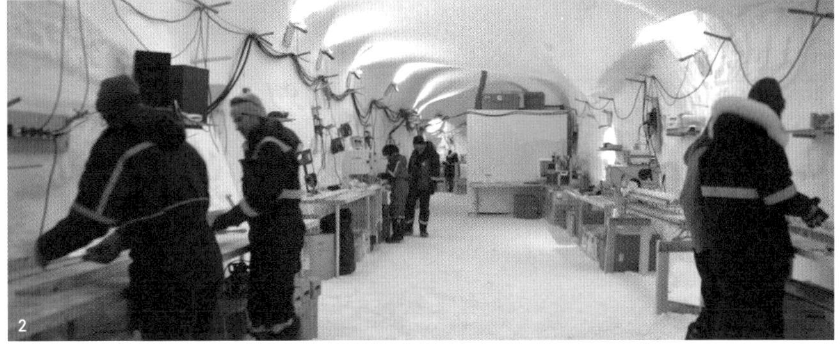

1. 일 년 동안 빙하코어를 저장하는 코어 저장소
2. 안정화된 빙하코어를 옮겨 연구를 수행하는 연구동굴

개인적으로 관심을 갖고 있었던 북극지역의 대기오염물질에 대한 연구를 진행하기 위해 1.9미터 깊이의 눈구덩이(snow pit)을 파고 5센티미터 간격으로 표층 눈 시료를 채취할 수 있었다. 알프레드 베게너 극지·해양연구소(Alfred Wegener Institute)에서 온 시추기술자 텔(Jan Tell)은 벌써 삼 일째 새로 개발한 시추기를 이용하여 100미터 깊이의 천부빙하코어를 시추하고 있다. 또한, 덴마크의 시추기술자인 칼(Karl Emil Nielsen)이 3D 프린터를 활용하여 빙하코어 시추기의 부품을 현장에서 제작하는가 하면 미국의 박사학위과정 학생인 앤드류(Andrew Hoffmann)는 스스로 연구지역을 돌아다니며 빙원의 정밀한 지형을 파악할 수 있는 소형 로봇을 개발하여 시험운행을 하는 등 극지에

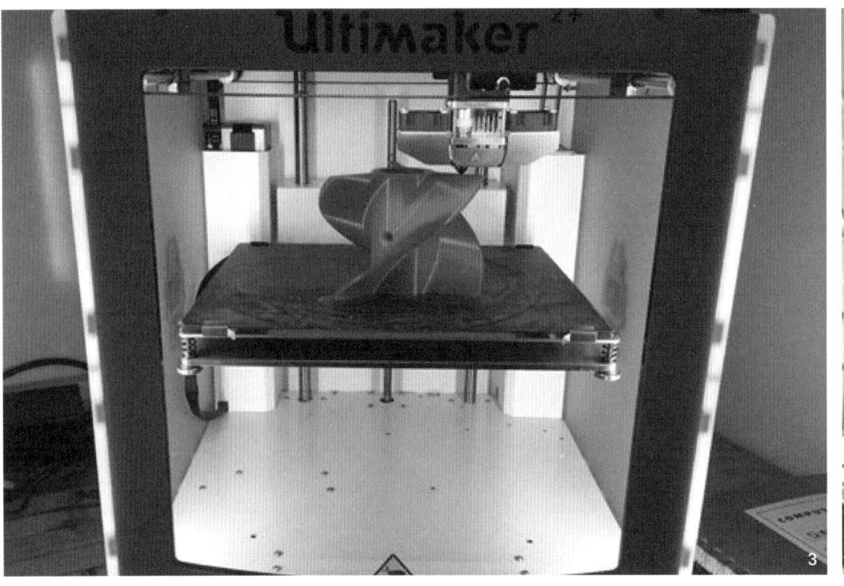

1. 표층 눈 시료 채집
2. 소형로봇을 이용한 빙원 지표면조사
3. 3D 프린터를 이용한 시추기 부품 제작
4. 독일 알프레드 베게너 극지·해양연구소에서 개발한 시추기 시험운행에 참여한 연구원들

서 활용할 수 있는 최첨단 기술의 연구도 수행되고 있다. 이처럼 극지의 심부 빙하코어 시추캠프는 이제 단순히 빙하코어를 시추하는 현장에서 벗어나 다양한 분야의 첨단 기술을 극한 환경에서 시험할 수 있는 천연실험실의 역할을 하고 있다. 현재 극지연구소에서는 2020년부터 남극 내륙에서 3,000미터급 심부

빙하코어를 시추하려는 계획을 갖고 있다. 이 계획을 통해 국내에서도 다양한 분야의 첨단 기술을 활용한 극지연구가 이루어지기를 기대해 본다.

2017년 7월 23일 일요일

이스트그립 캠프에서의 마지막 날이다. 계획대로라면 20일에 캠프를 떠났어야 하지만 지난 3일간 캠프의 기온이 영하 4도까지 올라가는 이상고온 현상(?)을 보여서 항공기 일정이 계속 미루어졌다. 기온이 올라가면 빙원 표층의 눈이 녹아서 비행기의 무게를 지탱할 수가 없기 때문이다. 다행히 어제 밤부터 기온이 다시 내려가서 오늘 아침에는 영하 20도를 기록하고 있다. 아침부터 캠프의 연구원들은 비행기에 싣고 나갈 연구 시료와 개인 짐들을 정리하느라 바쁘게 움직이고 있다. 비행기가 캠프에 머무는 시간은 약 1시간 30분 남짓. 그 시간 동안 연료 보충과 캠프 보급품 및 화물의 하역과 선적 작업을 모두 마쳐야 한다. 따로 비행기 운행요원이 없는 캠프에서는 모든 작업을 연구원들이 직접 해야 한다.

오전 11시 30분 경, 저 멀리서 엔진소리와 함께 비행기의 모습이 보이기 시작한다. 오늘 캠프를 떠나는 인원은 모두 열네 명. 남은 여덟 명은 이번에 새로 들어오는 스물네 명과 함께 8월 말까지 캠프생활을 계속해야 한다. 그린란드의 심부빙하코어 시추는 매년 3월부터 8월까지 이루어진다. 따라서 8월 한 달 동안은 심부빙하코어 시추와 함께 2017년도 시추캠프를 마감하는 작업도 이루어져야 한다.

비행기가 도착하고 새로 캠프에 입주하는 연구원들이 내리자 여기저기서 오랜만에 만나는 동료들과 인사를 나누기 시작한다. 나도 오랜만에 보는 얼굴들과 반갑게 인사를 나눴다. 특히 이번에 들어온 인원 중에는 우리나라의 유일한 빙하코어 시추기술자인 정지웅 기술원이 있다. 정지웅 기술원은 전 세계 빙하코어 시추기술자 중에서도 10년의 경력을 지닌 중견급의 기술자이다. 정지웅 기술원 이외에도 새로 들어온 연구원들 중에는 아는 얼굴이 많다. 앞으로 남은 한 달 동안 캠프 생활을 해야 하는 이들의 얼굴에는 내가 처음 이곳에 도착했을 때처럼 기대와 걱정이 한데 어우러져 있다. 그리고 오늘 나와 함께 캠프를 출발하는 열네 명의 동료들은 집으로 돌아간다는 설렘과 그동안 함께 웃고 울던 동료들과 헤어진다는 아쉬움이 교차하는 듯 상기되어 있다. 이스트그립 캠프에서 칸게를루수악으로 돌아오는 비행기 안에서 나는 주변의 동료들을 바라보면서 언젠가 극지에서 이들을 다시 만나기를 간절히 소망해 본다.

⌖ 남극에서 북극까지의 빙하시추

정지웅

2006년 남극에서 시작된 빙하시추 작업

2006년 11월 남극 일본 돔후지 기지로 빙하시추 기술을 배우기 위해 4개월이 넘는 긴 출장을 시작으로 지난 12년간 극지연구소에서 근무하며 수많은 빙하시추 현장을 오갔다. 그 중에서도 2008년부터 2010년까지 약 3년간

2008년 직접 조립에 참여했던 돔 모양의 숙소 앞에서 제설기로 눈을 치우는 모습

NEEM(North Greenland Eemian Ice Drilling Project) 캠프에서 보낸 시간은 내가 빙하시추 기술을 이해하는 가장 큰 도움을 주었다.

당시 우리나라에는 빙하시추기술자가 없었다. 물론 지금도 많지는 않다. 여전히 내가 국내 유일의 빙하시추기술자란 칭호(?)를 듣고 있기 때문이다. 당시 나에게 주어진 미션은 아주 단순했다. 빙하시추 기술을 습득하는 것!!! 우리나라 빙하 연구가 당시에 그다지 활발하지 않았고 국제적인 무대에서 빙하시추 현장에 참여한 경험이 전무했기 때문에 처음에 캠프에 도착했을 당시 생각보다 적응이 어려웠다. 관련 자료와 논문을 수도 없이 읽고 간 덕분에 시추 기술 자체에 대한 이해가 어렵지는 않았다. 다만 드릴러들의 커뮤니티에 들어가는 것이 관건이었다. 열심히 하는 수밖에 없었다. 주어진 일뿐만 아니라 주어지지 않은 일도 열심히.

당시 현장에 도착하자마자 시작한 일이 시추동굴과 연구동굴을 만드는 일이었다. 제설기로 지표면에서 약 폭 7미터, 길이 20미터, 깊이 7미터 정도의 공간을 만드는 일이었다. 제설기로 제거하지 못하는 눈들은 사람이 직접 삽으로 제거해야 했다. 군대를 제대할 때 삽질을 하는 일이 앞으로 별로 없을 줄 알았는데 극지연구소에 근무하면서 삽질은 기본이 되었다. 공간이 만들어지면 그 공간을 채워야 한다. 경사로를 통해 무거운 장비들을 아래로 보내고 트렌치 안에 시추 조작실, 작업실, 코어 처리실, 코어 보관실 등 수많은 크고 작은 장비를 설치했다. 50년의 역사가 있는 유럽 팀들이라 그런지 모든 일이 일사분란했다. 그럼에도 불구하고 유럽인들이 가지고 있는 특유의 여유는 어디에나 넘쳐났다.

이런 현장의 특징은 모든 사람과 쉽게 친해질 수 있는 기회를 제공한다. 함께 고생하고 저녁에 마시는 맥주 한 잔은 많은 말을 하지 않아도 된다. 빙하연

1. 시추동굴　2. 동굴 입구에서 삽질을 하며 눈을 치우는 모습

구 분야에서 큰 족적을 남긴 연구원들도 함께 육체노동을 하고 함께 엉뚱한 실수를 하며 친한 친구가 된다. 3년간의 NEEM 캠프는 그런 수많은 연구원과 기술자들과의 네트워크를 형성하게 해 준 선물과도 같은 현장이었다.

나에게 있었던 잊지 못할 에피소드를 소개하고자 한다. 2009년 캠프 당시 토요일 오후에 내가 시추기를 조작하고 있었다. 무난하게 시추를 완료했고 이

시추동굴에 지붕을 덮는 작업

NEEM 프로젝트에서 처음으로 코어를 시추해 빙하를 살펴보는 과학자들

1. 빙하의 가장 아래쪽에 있는 베드락 코어의 모습
2. 베드락 시추를 축하하기 위해 한 자리에 모인 NEEM 프로젝트 참가자들

제 시추기 모터를 끄고 윈치로 시추기를 잡아당겨 코어를 끊고 회수하면 됐는데 시추기 모터를 끄는 것을 잊고 윈치로 시추기를 잡아당겨 버렸다. 갑자기 등골이 서늘함을 느꼈고 시추기 모터가 여전히 돌고 있는 것을 확인했다. 난 거의 공황상태에 빠져버렸다. 그때 내 옆에 있던 드릴러들이 "지웅아 걱정마, 이건 그냥 얼음덩어리일 뿐이야. 잘못되면 우리가 해결하면 돼"라고 하며 나를

NEEM에서 처음으로 시추한 빙하코어

빙하시추 현장 모습

안심시켜주었다. 다행히 시추 코어는 지표면에 올라왔다. 물론 코어에는 코어 캐처가 120도 간격으로 용이 승천하는 모양을 남기긴 했지만 말이다. 그래서 그 코어는 드래곤 아이스 코어(Dragon Ice Core)라고 불린다. 다음 해 2010년 코어를 처리하던 연구원이 갑자기 보여줄게 있다고 나를 불렀다. 나는 무슨 일인가 하고 따라갔는데 드래곤 아이스 코어를 보여주며 너의 예술성에 감탄한다고 했다.

심부빙하시추에 도전하다

9년이 지난 2017년 7월 미국 공군기를 타고 캠프에 들어가니 2008년도 안전장치인 하니스를 차고 만들었던 돔 숙소가 보였다. 그리고 낯익은 얼굴들도 간혹 보였다. 물론 시추기술자들은 대부분 아는 사람들이다.

오랜 친구들과 인사를 하고 우리가 들어온 비행기로 나가는 연구원들과 기술자들을 환송하고 간단히 오리엔테이션을 거친 후 오후에 바로 시추를 시작했다. 이스트그립은 대부분의 빙하시추와 달리 돔(Dome)에서 빙하시추를 하는 것이 아니라 흐르는 빙하에서 시추를 하는 것이기 때문에 빙하의 물성치가 다르고 이동속도도 매우 빠르다. 특히 내가 캠프에 들어간 당시에는 시추홀의 경사각이 원인을 알 수 없는 상태에서 증가하고 있고 브리틀 존(Brittle Zone)을 시추하고 있었다. 쉽게 말해서 일반적인 빙하시추에 비해서 조금 더 시추가 까다롭다는 뜻이다.

까다로운 브리틀 존 시추였지만, 그래도 워낙 숙련된 기술자들이 시추기술자로 참여했던 터라 빠르게 적응해 갔고 2, 3일 만에 안정적으로 시추가 진행되었다. 시추는 하루 16시간 정도 진행된다. 오전팀과 오후팀으로 나뉘어지며 각 팀이 매일 8시간 시추를 실시한다. 나는 오후팀 팀장으로 시추를 담당했다. 이미 잘 알고 지낸 일본의 모리히로(Morihiro Miyahara)와 함께 즐겁

2017년 오후팀의 야간 빙하시추 장면

2017년 시추한 빙하코어

게 시추를 했다. 간간이 문제점이 발생했지만 대부분 큰 문제없이 시추를 할 수 있었다.

매주 토요일 저녁에는 파티를 갖는다. 평상시보다 약간 일찍 업무를 끝낸 후에 샤워를 하고 주방장 대신에 음식을 준비하고 평상시에 입던 두터운 아웃도어 옷을 벗어 던지고 남성은 셔츠와 타이를 매고 여성은 드레스나 정장을 입는다. 그렇게 사람들은 원래(?) 살던 곳에서 입던 옷을 입고 만찬을 즐긴 후에 음악을 크게 틀고 다함께 토요일 저녁을 즐긴다. 그때 평상시에 함께 시간을 보내지 못한 다른 사람들과 대화와 휴식의 시간을 함께 갖는다. 남는 시간에는 활주로에 가서 다른 친구들과 함께 달리기를 하고 실내 운동을 한다. 책을 읽고 음악을 듣고 오랜 친구들과 이야기를 많이 나누고 각 나라의 문화와 환경을

2017년 이스트그립 빙하시추에 함께 했던 동료들

이해하는 좋은 기회도 많이 가졌다.

NEEM 때보다는 비교적 짧은 25일간의 이스트그립 캠프 생활이었지만 개인적으로 심부빙하시추 기술을 다시 한 번 연마할 수 있어서 좋은 기회였다. 또한 이제 나도 배우기만 하는 수련단계가 아닌 내가 익힌 기술을 가지고 국제 공동 빙하시추 프로그램에 기여할 수 있었던 뿌듯한 현장이었다.

⌖ 최북단 과학기지에서 기후변화 연구

최태진

북위 81도 43분 그린란드 스테이션노르의 환경

남위 90도의 남극점은 남극대륙에 있으며, 사람들이 과학연구 활동과 생활을 할 수 있는 미국의 아문센-스콧기지가 있다. 반면에 북위 90도의 북극점은 해빙으로 덮인 북극해에 있기 때문에 사람들이 상주할 곳이 없다. 북극에서 사람들이 상주하고 있는 가장 고위도에 위치한 곳은 캐나다 누나부트 준주의 Alert(북위 82도 30분)로 군사기지이지만 대기 관측소가 운영되고 있다. 그린란드에도 그와 비슷한 위도에 군사기지인 스테이션노르(Station Nord)(북위 81도 43분)가 있다. 최근 이 노르에 과학기지인 빌름연구기지(Villum Research Station)가 문을 열었다. 순수 과학기지로는 가장 북쪽에 자리잡은 최북단 과학기지인 셈이다. 이보다 아래인 북위 79도 근처에는 우리나라 북극다산과학기지가 있는 뉘올레순 기지촌과 최근 우리가 연구를 시작한 러시아의 바라노바기지가 있다. 두 기지는 각각 스발바르 제도의 스피츠베르겐섬과 볼세비키섬에 자리잡고 있다. 북극해가 북극의 중앙부를 차지하는 까닭에 가장 북쪽에 위치한 과학기지는 북위 80도를 전후에 있다.

그린란드 스테이션노르는 1952년 기상관측, 비상활주로를 위해 문을 열었다. 1975년부터는 군사기지로 이용되기 시작하였고, 1970년대부터 대기오염 감시를 위한 거점으로 활용되고 있다. 스테이션노르는 비슷한 위도의 뉘올레

세계 도시의 방향 표시대와 스테이션노르의 전경 (© 박태윤)

순과 대조를 이룬다. 뉘올레순 역시 북위 약 79도의 고위도에 있지만, 따뜻한 북대서양 난류의 영향으로 한 겨울에도 기온이 많이 내려가지 않는다. 1월 평균기온은 영하 12도이다. 반면에 스테이션노르는 그린란드 동안을 따라 흐르는 한류로 겨울 기온은 상당히 낮아 1월 평균기온은 약 영하 30도이다. 연간 강수량은 190밀리미터로 매우 건조하고 추운 곳이다. 하지만 여름에는 영상의 기온으로 겨울 동안 쌓인 눈은 녹고, 땅의 많은 부분이 노출된다. 풍속은 약한 편이나 폭풍이 접근하면 초속 20~30미터의 강풍이 불기도 한다. 기록된 최저 기온은 영하 51도이다. 그래서 그런지 뉘올레순보다 더 혹독한 환경의 스테이션노르의 주변에서 식물을 찾기가 매우 힘들다.

첨단의 인프라를 제공하는 빌름연구기지 새로 건설

기후변화는 지역에 따라 다르게 나타나고 여러 경로를 통해 환경에 영향을 미치는데 특히, 북극에서의 기온 증가는 다른 어느 지역보다 그 속도가 빠르고 그로 인한 국지적, 지역적 그리고 전 지구에 미치는 영향이 상당할 것으로 예측된다. 하지만, 고위도 북극에서의 저온의 혹독한 환경은 과학연구 활동에 큰 제약을 가져왔고, 이곳에서의 기후변화에 대한 이해는 제한될 수밖에 없었다. 1970년대부터 유럽대륙으로부터 고위도 북극으로 이동하는 오염물질에 대

빌름연구기지 (© 박태윤)

한 연구가 부분적으로 시도되었던 스테이션노르에 고위도 북극 연구의 플랫폼의 중추인 빌름연구기지가 2015년 8월 5일에 개소되었다. 덴마크의 비영리 빌름재단에 의해 건설된 빌름연구기지는 현재 그린란드 정부 소유이지만 덴마크의 오르후스(Aarhus)대학이 덴마크 국방부와의 협력으로 운영하고 있다. 덴마크 국방부는 빌름연구기지가 사용하는 전기와 물을 제공하고 활주로를 유지관리하며, 식당을 운영한다. 이 식당은 군인들과 방문 연구자들이 함께 사용한다. 2016년 극지연구소 연구원으로 방문했을 때 여섯 명의 군인이 월동 중이었다. 빌름연구기지 건설 목적은 고위도 북극에서의 기후변화 과정과 그 변화가 어떻게 빙권, 해양, 지질, 대기 그리고 결과적으로 생태계, 생지화학 과정과 생물 다양성의 변화를 유도하는가를 연구할 수 있는 최첨단의 인프라를 제공하는 것이다. 이 기지를 기반으로 얻은 지식은 기후변화의 결과에 대응하고, 필요한 저감 전략을 개발하고, 지역적으로 새로운 기회가 무엇이며 어떻게 이용할 수 있는가에 대해 힘을 모으는데 매우 중요하게 활용될 수 있다. 빌름연구기지는 숙소동, 대기관측동 그리고 창고동으로 구성되어 있다. 연중 개방되어 있으며, 한번에 열네 명을 수용할 수 있다. 이곳에는 대기, 해양 및 육상생태계 등의 연구를 수행하는 방문 연구자들을 위한 다양한 연구 및 탐사 장비를 갖추고 있다.

첫 번째 방문은 실패

앞에서 얘기한 것처럼 스테이션노르는 덴마크의 군사기지이기 때문에 이곳을 방문하기 위해 덴마크 올보르그(Aalborg)에 있는 공군기지에서 출발하는 군용기를 이용한다. 이 군용기는 단번에 스테이션노르로 갈수도 있지만 필요에 따라 아이슬란드의 수도인 레이캬비크에서 남서쪽으로 약 40킬로미터 떨어져 있는 케플라비크를 경유하기도 한다. 또 하나의 경로는 스발바르의 롱이어비엔(이곳에서 경비행기를 이용하여 다산과학기지로 간다)의 경비행기를 이용하는 것이다. 이 경로는 비용이 많이 드는 단점이 있다. 2015년 7월 하순, 극지연구소의 나와 경기운 두 연구원이 "북극권 동토 관측 거점을 활용한 환경 변화 감시와 예측" 사업의 일환으로 관측 거점 구축을 위해 스테이션노르를 방문하려고 했다. 예정된 방문 경로는 덴마크 올보르그-아이슬란드 케플라비크-그린란드 노르였다. 7월 21일 오전 올보르그 소재 호텔을 출발하여 공군 기지에 도착하였다.

도착 후 아이슬란드 일정이 하루에서 이틀로 변경되었음을 통보받았다. 12시 경 C-130 공군 수송기에 탑승하였고, 약 3시간 비행 후 케플라비크에 도착하였다. 하지만 예정된 이틀 후 우리는 그린란드로 가지 못하고 다시 덴마크로 돌아왔다. 군용기에 문제가 생겼기 때문이었다. 덴마크에서 1박을 하고 다시 아이슬란드로 이동하였다. 하지만 이번에는 현지 날씨 상황 때문에 비행기는 다시 덴마크로 돌아가야 했다. 1주일 후 다시 비행 일정이 예정되어 있었지만 기다리기에는 시간이 많이 걸리고, 또한 날씨도 어떻게 될지 몰라 우리는 고민에 빠졌다. 우리가 계획했던 대로 대기관측 장비를 설치할 수 없는 상황이 되었기 때문이다. 노르는 정기 항공편이 없기 때문에 이번 일정을 잡기까지도 어려움이 많았다. 이번 기회를 놓치면 노르에 대기관측 장비를 설치하기 위해 내년 여름까지 일 년을 기다려야 하는데 우리는 장비 점검과 데이터 회수를 위해 알래스카와 캐나다에도 가야 해서 더 이상 지체할 수 없는 상황이었다. 다행히 공동 연구를 하는 덴마크 연구원이 노르를 방문한다고 하여 우리 관측 시스템 설치에 필요한 장비를 부탁하고 한국으로 돌아왔다. 10월에 덴마크 연구원으로부터 장비가 부분 설치되었음을 알리는 메일과 현장 사진과 받았다. 다행스러웠지만 제대로 된 연구를 위해서는 다음해 재방문이 꼭 필요했다.

두 번째 방문은 성공

2016년 4월 스테이션노르 재방문을 추진하였다. 2015년과 달리 이번에는 덴마크 올보르그에서 그린란드 노르로 직접 이동하는 여정이었다. 다행히 날씨가 좋았고, 드디어 4월 28일 약 4시간 비행 후 노르에 도착하였다. 현지 기온은 영하 20도이고, 모든 땅은 눈으로 덮여 있었다. 비행기에서 내리자마자 이미 빌름연구기지에서 연구 활동 중이며 빌름연구기지 연구책임자인 헨릭 스코브(Henrik Skov) 교수 일행과 인사를 나눈 후 기지로 이동하였다. 이 기간 이 지역에서의 이동은 스노우 모빌을 이용하였다. 빌름연구기지에서 경기운 연구원과 각각 방 하나씩 배정을 받았다. 방은 2인실이었으나 방문 기간 체류 인원이 적어 한 명이 방 하나를 사용하였다. 같은 건물에 휴식 및 미팅을 위한 넓은

빌름연구기지 (© 이원영)

그린란드와 스발바르 사이의 해빙의 경계(80도7분11초 N, 3도 34분 2초 E)

주방 겸 거실과 실험실도 있었다. 다른 무엇보다 화장실 사용이 매우 불편했다. 소변은 괜찮았지만 대변은 고열로 태우기 때문에 한 사람이 사용 후 다음 사람이 사용하려면 3~4시간 이상이 걸렸다. 우리는 시차가 맞지 않기도 하거니와 눈치껏 한밤중에 화장실을 사용하곤 했다.

4월 28일부터 5월 7일까지 연구장비 설치 및 주변 환경조사를 수행하였다. 숙소동에서 약 2킬로미터 떨어진 연구동까지 스노우 모빌을 이용하였으며, 북극곰으로부터 안전을 확보하기 위해 총기를 휴대하였다. 캐나다 연구진이 빙하 거동을 감시할 목적으로 설

스테이션노르의 해안 전경 (ⓒ 이원영)

그린란드에 설치한 극지연구소의 에디공분산 플럭스 시스템

치한 카메라가 있는 곳을 방문할 기회가 있었는데 돌아오는 길에 새끼 북극곰의 발자국을 보기도 하였다. 5월 7일 노르를 떠났다. 이때는 군용기를 이용하지 않고 롱이어비엔에서 온 트윈오터 경비행기를 이용하여 2시간 만에 롱이어비엔에 도착하였다. 비행 중 북위 80도의 고위도에서 본초자오선을 지났다. 그린란드 쪽은 해빙이 여전히 많았지만 스발바르에 가까워지면서 해빙을 보기가 힘들었다. 두 지역의 차이를 눈으로 확인할 수 있었다. 이후 덴마크를 거쳐 귀국하였다.

스테이션노르에 설치한 기후변화 관측 장비

우리는 1개월 9일 동안 5미터 높이 타워에 에디공분산 플럭스 시스템을 설치하였다. 그리고 기후변화에 의한 동토변화에 따른 지표면에서의 에너지 수지변화 과정을 모니터링하고, 그 변화가 고위도 북극 대기에 미치는 영향을 평가하고 있다. 극지역은 우리가 살고 있는 중위도와 달리 연중 지면이 대기보다 차가운 날이 많다. 그로 인해 지면 근처의 대기 구조가 다른 모습을 보이는데 수치모델에서는 지면 근처의 대기 과정에 대한 모사에 불확실성이 크다. 수치모델의 이런 약점은 기후변화 예측의 불확실성의 한 부분을 차지한다. 특히, 서로 대조를 이루는 스발바르 제도의 뉘올레순의 연구를 통해 기후변화에 대한 지역 차이가 어떻게 대기 과정에 영향을 미치는 가에 대한 좋은 관측 기반 결과를 얻을 수 있을 것으로 기대한다.

지표면의 식생 역시 지표면에서의 에너지 수지에 크게 영향을 미친다. 식생 발달이 약한 이곳은 순수하게 활동층과 동토층변화에 의한 지표 에너지 수지 및 대기에 미치는 영향을 평가할 수 있다. 2017년은 스테이션노르 방문을 못해 분석 결과를 얻을 수 없었다. 이곳의 통신 시설은 매우 열악한데 이리듐 위성을 이용한 간단한 이메일 정도 송수신이 가능하다. 관측 시스템의 점검은 현지 체류 중인 덴마크 군인 또는 덴마크 연구진에 의해 수행된다. 그렇기 때문에 우리는 관측 자료를 확보하고 분석하는 데에는 관측 시점부터 상당한 시간이 경과 후 이루어진다. 조만간 덴마크 연구진이 자료를 보내줄 예정이고, 어떤 결과들이 나올지 사뭇 기대된다.

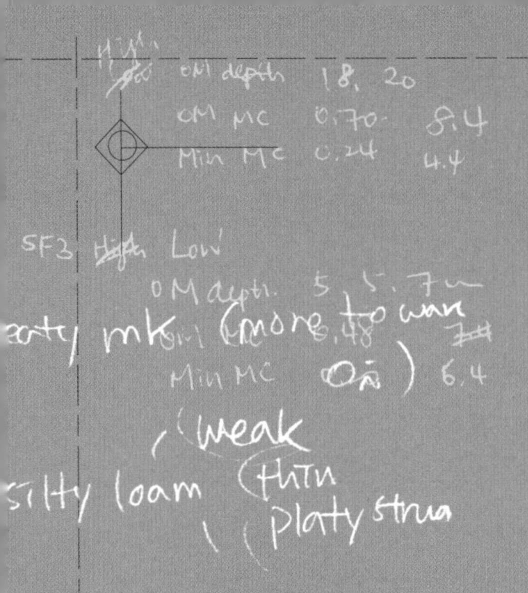

인간은 새로운 목표에 자신을
적응시켜야 한다. 과거의 목표는
사라졌다.

어니스트 섀클턴경(Sir Ernest Shackleton, 1874-1922)

제4부 알래스카를 지나 북극해로

© 이유경

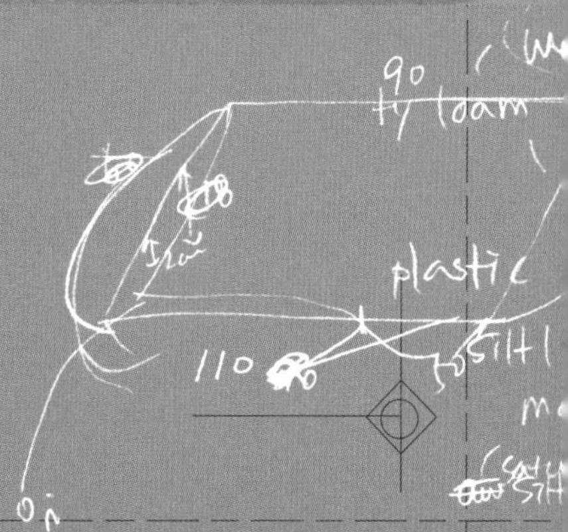

⌖ 토양 코어링 도전기

남성진

알래스카 카운실 가는 길

알래스카 카운실(Council)은 아라온호가 정박하는 놈(Nome)에서도 약 110킬로미터를 더 차를 타고 가야하는 곳에 있다. 우리 연구팀은 카운실에서 2010년부터 영구동토층 생태계 연구를 하고 있다. 인구 4천여 명이 살고 있는 작은 마을 놈을 벗어나면 푸른 들판과 푸른 호수 그리고 바다가 보이는 해안길이 나온다. 이 길을 따라 카운실까지 달리다보면 키가 큰 나무라고는 찾아볼 길이 없는 초원과 습지가 해안을 따라 약 50킬로미터 남짓 솔로몬 기차 유적지까지 이어진다. 그리고는 내륙을 향해 강을 따라 달리면 스쿠컴(Sookum Pass)이란 고개가 나타난다. 이 고개를 넘으면 비로소 관목지대와 가문비나무 숲이다. 길을 따라 약 20킬로미터 더 달리면 카운실이다. 연구지에 가면 가문비나무는 거의 사라지고 블루베리 같은 관목과 북극황새풀 같은 풀만 있는 초원지대이다. 오고가는 길 주변의 풍광은 매우 좋은 편이지만 모두 비포장 길이고 가끔 구멍이 난 작은 나무다리를 건너거나 가파른 고갯길도 달려야 해서 운전에 신경을 많이 써야 한다. 특히 갑자기 폭우가 내리고 안개까지 끼면 시야가 10미터도 안 보이기 때문에 매우 조심해야 한다.

나는 이곳을 무려 다섯 번이나 다녀왔다. 6월, 7월, 그리고 가을이 시작되는 8월, 9월 가는 시기는 매번 달랐다. 그러니 큰 틀에서 연구목적은 같지만 가서 하는 일은 매번 조금씩 달랐다. 돌이켜보면 7월 중순 한여름에 갔던 첫 해 경험이

1. 카운실 영구동토조사지로 가는 길의 스쿠컴 고개에 핀 돌매화나무 꽃
2. 솔로몬 습지에 있는 기차 유적지 (© 황영심)

가장 기억에 남는다. 이곳의 토양은 표면부터 약 70~80센티미터까지는 여름철에 녹아서 식물들이 자라지만 그 이하는 영구동토층이다. 얼어붙은 땅을 파는데 해만 나면 '웽 웽' 달려들던 모기떼들. 그리고 봄 날씨라는 현지인들의 이야기를 듣고 얇은 옷만 준비해 갔는데, 웬걸 비가 오거나 흐린 날은 영상 5도를 밑돌았다. 놈은 북극권에서 조금 못 미치는 곳이기에 그렇게 추울 거라고 예상을 못했다. 놈에서 부랴부랴 방한복과 모자, 장갑 등을 임시방편으로 구입했다. 우리의 영구동토층 토양 코어링 연구는 그렇게 시작되었다.

무모했던 도전, 두 번의 실패

2010년에 영구동토층 시료를 채취하기 위하여 처음 카운실지역에 들어갈 때, 우리는 우리나라에서 사용하던 코어 샘플 장비와 삽 같은 간단한 물품들을 준비하였다. 새로운 곳에 첫발을 내딛는 과정이지만 정말 무모했다. 우리가 가져간 장비는, 가운데 구멍이 뻥 뚫린 쇠기둥 위에 지지대 기둥을 놓고 기둥에 끼여 있는 무거운 추를 위로 들었다가 내려치면서 쇠기둥을 토양에 박는 수동 장비였다. 하지만 토양이 꽁꽁 얼어 있어서, 사람의 힘으로 내려치는 추의 힘으로는 쇠기둥이 꽁꽁 얼어붙은 토양층을 뚫고 들어가기 쉽지 않았다. 정말 수도 없이 내리쳤다. 게다가 박은 쇠기둥을 뽑아 올리는 것은 더 어려웠다. 성인 남자 네 명이 붙어서 반나절 정도 돌아가며 곡괭이로 쇠기둥 주변의 땅을 판 후에야 60센티미터 정도의 토양 코어를 하나 얻을 수 있었다. 조사시기가 7월 중순이었고, 이 시기의 녹아 있는 활동층의 깊이가 대략 40센티미터 정도이니, 얼어있는 20센티미터를 파기 위해 반나절을 작업한 셈이다. 얼어 있는 땅이 얼마나 딱딱한지 몸소 체험할 수 있었다. 일주일 정도의 현장조사 기간 동안 20개 정도의 코어 시료 채취를 목표로 알래스카 카운실에 들어갔지만, 9개의 쇠기둥을 동토에 박았고, 그 중 3개의 코어 시료만 채취할 수 있었다. 남은 6개의 쇠기둥은 2011년과 2012년에 각각 3개씩 뽑아 왔다.

첫 현장 활동 후, 영구동토층 코어 시료를 채취하기 위한 전용 장비의 필요성을 강하게 느꼈다. 수소문하여 알래스카 페어뱅크스에 있는 업체(Jon's machine shop)에서 영구동토층 코어 시료를 채취할 수 있는 장비(SIPRE coring auger)를 구매하였다. 모터를 이용하여 코어 시료를 채취할 수 있는 장비로, 속이 빈 원통형 드릴을 이용하여 땅을 뚫는 것이다. 한 번에 원통형 드릴의 길이인 90센티미터의 코어를 채취할 수 있다. 그리고 모터와 드릴 사이에 1미터 길이

1. 쇠기둥을 땅에 박기 위한 장비
2. 얼어 있는 땅에 박혀 있는 쇠기둥을 뽑아내기 위하여 준비 중인 모습

의 파이프를 계속 연결해가면서, 최대 3미터까지 영구동토층 코어를 얻을 수 있다. 새로운 장비를 이용하여 90센티미터 길이의 동토 코어 시료를 얻는 것을 목표로, 2011년 여름에 다시 알래스카 카운실로 향했다. 하지만 이번에도 영구동토층지역은 우리에게 토양 코어를 쉽게 내주지 않았다. 첫 번째 코어를 얻기 위하여 장비를 돌리는 도중에 무슨 이유인지는 모르겠지만 모터가 작동을 멈추었고, 끝내 모터가 작동하지 않아 동토 코어를 채취할 수 없었다. 결국, 2011년 조사는 카운실 현장에서 연구 목표와 연구 방향을 바꿔야 했다.

두 번이지만 2년간의 실패 후, 동토 코어 샘플 채취 경험이 많은 연구진들의 현장조사에 참여하여 그들의 노하우를 배우기로 결정하였다. 미국의 NGEE(Next Generation Ecosystem Experiment) 팀에 요청하여 2012년 4월에 알래스카 최북단 배로우(Barrow) 현장조사에 참여했다. 50센티미터 이상 쌓인 눈을 파내고 얼어 있는 토양 코어를 채취하는 작업을 함께 하면서, 미국 연구진들이 특별한 것을 가르쳐 주지는 않았지만, 그들이 코어 시료를 얻기 위해 작업하는 모습, 그리고 때로 실패하면서 발생되는 문제를 보면서 많은 것을 배울 수 있었다. 대부분의 지점에서 90센티미터 길이의 코어만 채취하였으나, 시료 채취 마지막 날에는 더 깊게 코어 시료를 채취하였다.

첫 번째 코어를 채취하고 난 후, 두 번째 코어를 채취할 때 주로 많은 문제들이 발생하였다. 90센티미터 깊이보다 더 아래의 동토 코어를 채취할 때는 코어 장비의 원통 기둥이 땅속으로 들어가기 때문에, 토양이 깎이면서 발생되는 찌꺼기들이 원통 안으로 쏟아져 들어가 코어 샘플의 위쪽 30% 정도가 찌꺼기로 채워진 경우도 있었다. 더 큰 문제는 찌꺼기를 생각하지 않고 계속 땅속으로 파고 들어가면, 원통 위에 쌓인 찌꺼기 때문에 코어 장비를 뽑아 올릴 수 없는 경우가 발생한다. 배로우에서 코어 시료 채취가 중도에 끝난 것도 코어 장비가 땅에 박혔고, 꺼내려고 주변 땅을 파내면서 코어 장비가 파손되었기 때문이었다. 이때도 나를 포함하여 일곱 명의 남자들이 반나절 이상 땅을 파면서 다시 한 번 더 얼어있는 토양은 얼음보다 더 딱딱함을 느낄 수 있었다.

미국 연구진과 함께 눈으로 보고 몸으로 부딪치며 배우는 과정에서 나는 많은 생각을 하게 되었다. 가장 인상 깊었던 것은 미국연구진이 현장조사 준비를 정말 철저히 한다는 것이었다. 알래스카 영구동토층에서 수많은 경험을 한 연구자들이 현장조사를 하기 전 모두 모여 하루 종일 장비를 점검하고, 현장조사 순서를 확인하고, 필요한 것들을 준비하는 모습을 보면서, 준비의 부

족이 두 번의 실패를 경험하게 만든 것이 아닌가하는 생각이 들었다. 물론 영구동토층을 글로만 공부하였기 때문에 현장 환경에 대해서 잘 몰랐던 것도 한 몫을 했다고 판단된다.

알래스카에 거주하는 연구자들과 달리 우리는 언제든 쉽게 갈 수 있는 것이 아니기 때문에 한 번의 실패는 일 년의 시간을 버리는 것과 같다. 따라서 더욱 더 철저한 준비를 하지 않으면 안 된다. 우선 지난 조사에서 장비 고장으로 시료 채취를 할 수 없었으므로 여분의 장비를 확보하였다. 배로우에서 한국으로 돌아가는 길에 페어뱅크스에 들러 모터를 하나 더 구매했다. 그리고 알래스카 대학에서 코어 장비도 하나 빌려서 카운실조사 때 우리가 머무는 놈으로 보내두었다. 한국에 돌아와서는 큰 플라스틱 화분에 물과 흙을 섞어서 얼린 후 코어 장비를 이용해 여러 번 장비를 테스트했다. 이 외에도 코어 시료를 채취한

알래스카 배로우에서 NGEE 팀과 함께 한 영구동토층 코어 채취

카운실에서 SIPRE 장비를 이용하여 동토 코어를 채취하는 모습

후, 어디에 시료를 담을 것인지, 놈에서는 어디에 보관을 할 것인지, 그리고 어떻게 처리를 할 것인지를 연구원들과 여러 차례 논의하였다. 그 결과 2012년 6월에 있었던 세 번째 카운실조사에서는 무난하게 90센티미터 길이의 코어 시료 총 25개를 얻어 한국으로 돌아올 수 있었다. 그리고 2년 뒤 2014년에는 최대 2미터 길이의 영구동토층 코어 채취에 성공하였다.

3미터 코어링을 꿈꾸다

사실 2012년 조사에서, 처음 현장에 도착하여 코어 테스트를 할 때 1.8미터 길이의 코어를 얻기 위하여 한 지점에서 두 번의 코어 작업을 시도하였는데 또 다시 코어 장비가 땅에 박혀 뽑아 올릴 수 없었다. 또 다시 얼은 땅을 곡괭이로 파야 했고, 역시 반나절의 작업 끝에 겨우 장비를 회수할 수 있었다. 그 이후에는 무리하지 않고 처음 목표대로 한 지점에서 90센티미터 길이까지만 코어 시료를 얻었다. 운 좋게도 매번 장비를 회수할 수 있었고 다시 장비를 구입하는 경우는 없었다. 페어뱅크스에 있는 코어 장비 판매점에 들렸을 때, 주인이 나에게 자신이 만든 이 코어 장비가 알래스카 곳곳에 박혀 있을 것이라고 자랑스럽게 이야기를 하는 것을 보면, 장비를 회수하지 못해 그냥 버리는 경우도 종종 있는 것 같았다. 코어 장비가 땅에 박히는 것은 동토층 코어 작업에서 가장 큰 문제이고 극복해야 할 과제인 것 같다. 실제로 영구동토층 코어를 해 본 경험이 있는 분들을 만났을 때 코어 장비가 땅에 박힌 경험이 있는지 항상 질문을 하였다. 앞서 말한 이유 외에도 여러 가지 이유로 땅에 박히는 것 같은데, 땅속이 얼어 있기 때문에 코어 장비가 토양층에 얼어붙는 것을 방지하기 위하여 부동액을 원통 밖에 바르고 코어 채취를 한다는 사람도 있었다. 그리고 땅을 파내는 것이 너무 힘든 작업이어서, 토치로 원통을 가열하여 주변 땅을 녹인 후 코어 장비를 회수한다는 이야기도 들었다.

다섯 번의 카운실 현장 경험으로, 이제는 무리 없이 영구동토층을 2미터까지 뚫을 수 있다고 자신한다. 실제로 2016년에도 8개 지점에서 1.5미터 이상의 토양 코어를 얻었고, 2017년에는 2미터 깊이까지 토양 온도를 측정하기 위한 구멍을 코어 장비로 뚫는 것도 큰 문제없이 수행하였다. 이제 우리 장비로 뚫을 수 있는 최대 깊이인 3미터 길이의 코어를 얻는 것이 목표이다. 한 지점에서 세 번 이상의 코어 작업을 해야 하는데, 이것은 두 번 하는 것과는 또 다른 문제가 있다. 땅을 뚫는 과정에서 발생하는 찌꺼기를 제거하기 위하여 중간 중간에 코어를 지상으로 뺀 후 다시 땅속으로 넣는데, 세 번째 코어는 파이프의 길이가 거의 3미터가 된다. 그렇게 되면 사람이 최대한 팔을 뻗어 들어도 드릴 부분이 지상으로 나오지 않아 찌꺼기를 제거할 수가 없다. 이 외에도 여러 가지 문제가 있을 것이다. 3미터 깊이의 동토를 채취하여 눈으로 확인하는 것을 희망하며, 오늘도 계속 고민 중이다.

알래스카 카운실 연구지 풍경 (© 황영심)

⊕ 툰드라 벌판에서

권민정

알래스카 카운실에서

탄소 순환에 관한 연구를 하고 싶어 대학원 진학을 앞두고, 사막과 북극 중에 하나를 골라야했다. 두 곳 모두 매력적인 곳이었기 때문에 더위와 추위 사이에서 고민하다 엉겁결에 북극을 선택했다. 독일 예나에 있는 막스플랑크연구소 박사과정에 들어가면서 러시아 시베리아 습지의 탄소 순환을 연구하게 된 것이다. 동토 습지에서 물이 빠지면 동토의 토양 환경과 탄소(이산화탄소와 메탄)의 움직임이 어떻게 달라지는지 파악하는 것이 나의 박사과정 연구 주제였다. 시베리아 동토에서 연구한 경험 덕분에 극지연구소에 와서 동토연구를 계속하게 되었다.

올 여름은 유난히 바빴다. 스노우펜스를 설치하기 위해 알래스카 카운실과 캐나다 캠브리지만을 모두 다녀와야 했기 때문이다. 알래스카도 캐나다 북극도 처음 가는 곳이라 이곳 상황을 잘 알고 있는 남성진 연구원과 동행했다. 스노우펜스를 설치하면 울타리가 바람을 막아 주면서 울타리 가까운 쪽에는 눈이 많이 쌓이고 먼 쪽에는 눈이 덜 쌓이게 된다. 과학자들은 왜 눈의 양을 조절하려는 걸까?

기후변화로 대기가 따뜻해지면 물의 증발량과 강수량이 증가한다. 물론 지

1. 스노우펜스의 원리　2. 알래스카 카운실에 설치한 스노우펜스 모습
바람 방향을 맞서서 스노우펜스를 설치하게 되면 바람의 속도가 감소하면서 스노우펜스 바로 뒷쪽으로는 눈이 많이 쌓이게 되고, 스노우펜스에서 먼 곳에는 눈이 덜 쌓이게 된다. 스노우펜스를 이용해 강설량을 조절한 뒤 토양, 미생물, 이산화탄소 교환량 등을 관찰하며 생태계가 어떤 반응을 보이는지 연구한다.

역에 따라 강수의 세기와 빈도의 변이는 다를 수 있지만, 대기의 온도가 지금처럼 계속 높아지면 북극의 여러 지역에서 여름철 비와 겨울철 눈의 양이 증가할 것이라고 예측되고 있다. 보통 눈이 평소보다 많이 쌓일 경우, 단열 효과가 증가하면서 겨울철 동안 토양의 온도가 높게 유지되고, 증가한 눈의 양 만큼

토양으로 공급되는 수분도 늘어난다. 토양이 매우 건조한 지역에서는(수분이 부족한 상황에서는) 수분 공급량이 늘어나면 유기물 분해 속도와 식물의 활동량이 모두 증가하면서 탄소 순환이 전반적으로 활발하게 일어난다. 반면, 토양이 습한 지역에서는(수분이 충분한 상황에서는) 늘어난 수분 공급량이 오히려 유기물 분해 속도와 식물 활동량을 저해할 수 있다. 이것은 식물이라곤 찾아볼 수 없는 매우 건조한 사막지역에 비가 왔을 때 갑자기 여기저기서 꽃이 피어나지만, 수분이 적당히 있는 화분에 물을 가득 주었을 때 식물이 오히려 잘 자라지 않거나 죽게 되는 것과 비슷한 이치이다. 반대로 눈이 평소보다 적게 쌓이면 겨울철 토양의 온도가 대기의 온도만큼 내려가고, 여름철 토양에 공급되는 수분 양이 적어진다.

　마침 우리가 연구해 온 캐나다 캠브리지만과 알래스카 카운실은 토양의 수

캐나다 캠브리지만 실험구 안에 살고 있는 동물과 식물들. 눈의 양이 변하면 이들의 생활에도 변화가 올까?

분 정도와 생태계 특성에 뚜렷한 차이를 보인다. 토양이 건조한 캠브리지만과 토양이 습한 카운실에서 눈의 양이 증가하거나 감소할 때, 서로 다른 특성을 지닌 두 북극 툰드라 생태계가 어떻게 변할지 알고 싶은 것이다. 우리는 이들 지역에서 평소보다 눈이 더 많이 쌓이거나 눈이 덜 쌓이게 조절한 뒤 식생과 미생물, 그리고 토양 유기물과 이산화탄소 플럭스가 어떻게 변하는지 알아볼 예정이다.

또 다른 툰드라, 시베리아 체르스키

박사과정 동안 연구한 곳은 러시아 시베리아의 체르스키(북위 68도, 동경 161도)라는 마을 근처였다. 러시아에는 금발의 사람들만 사는 줄 알았는데, 나와 비슷하게 생긴 원주민이 있는 것을 보고 놀랐고, 여기에 사는 아이들은 무엇을 하고 놀까 의문이 들 정도로 아무것도 없어 보이는 마을에 매년 수십 명의 과학자들이 전 세계에서 모여든다는 사실에 또 놀랐다.

연구를 위해 온 사람들은 마을에서 10킬로미터 정도 떨어진 과학기지에 짧게는 일주일 길게는 몇 달 동안 머물며 연구를 한다. 농사를 짓기에 적합한 기후가 아니기에 신선한 채소나 과일을 먹는 건 쉽지 않다. 기지 옆 텃밭에서 채소를 길러 저녁마다 약간의 샐러드를 먹을 수는 있다. 그러니 음식은 대부분 고기 위주다. 한 번은, 아침식사 메뉴로 동그랗게 말려있는 팬케이크가 나왔다. 다들 잔뜩 기대하고 한 입 베어 물었는데, 팬케이크 안에는 다진 고기가 들어가 있었다. 요리사 아주머니 눈치를 보면서 실망하는 모습을 보여드리진 않았지만, 그 이후로 말려있는 팬케이크가 나오는 아침엔 아무도 들떠하지 않았다. 저녁식사를 마치면 삼삼오오 모여 서로 어떤 연구를 하는지에 대한 이야기도 하고, 보드카를 마시며 수다를 떨기도 하고, 누군가가 기타를 잡으면 다 같이 음악을 즐기기도 한다. 물론, 일이 많을 때에는 실험을 하러, 데이터를 들여다보러 각자의 공간으로 돌아가기도 한다.

러시아에서는 과학기지를 운영하시는 분들의 보살핌을 받으며 과학기지 안에서 모든 것을 해결했고, 시내에 나가고 싶으면 기지분들의 도움을 받아 함께 다녔기 때문에 다른 연구자들과의 교류는 활발했지만 주민들과의 교류는 제한되어 있었다. 반면 캐나다와 미국에서는 슈퍼마켓도 직접 가고 특히 미국의 경우에는 따로 기지가 없어서 일반 숙박 시설에 머물었기 때문에 동네 주민들을 만날 기회가 많았다. 외지인의 방문이 드물어서 그랬는지 차를 빌려주신 분이 집으로 초대해 주기도 하고, 금방 현지인 친구가 생길만큼 북극 주민들은 외지인에게 호의적이다. 또 알래스카 놈에는 한국 분들이 운영하시는 식당이 몇 군

러시아 체르스키과학기지 주변의 모습

러시아 체르스키에 있는 홍적세 공원. 초식 동물들을 북극지역에 복원했을
때 생태계가 어떻게 반응하는지를 관찰하는 대규모 생태계 실험이다.

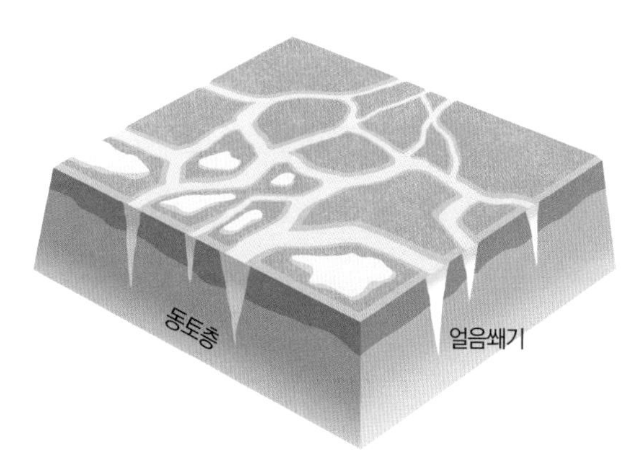

북극 툰드라지역의 토양 얼기와 녹기 반복 현상으로 인한 구조토의 형성과정을 그린 모식도

데 있어서 한국을 떠나 오랫동안 현장 활동을 하더라도 음식 걱정 없이 지낼 수 있었다. 이렇게 주민과 직접 교류한 덕분에 북극에 사는 분들이 몇 십년 동안 실제로 기후변화를 어떻게 느꼈는지, 이러한 기후변화에 대응하기 위해 정부와 지자체가 어떠한 노력을 하는지 등 실생활에서의 경험을 들을 수 있었다.

한편, 체르스키과학기지는 과학자들 뿐만 아니라 다큐멘터리 제작자나 기자들도 매년 찾아온다. 여러 과학 프로젝트 중에서도 가장 그들의 관심을 끄는 건 홍적세(Pleistocene) 생태계 실험이다. 식물이 광합성을 하는 동안 토양에 있는 수분의 많은 부분이 대기 중으로 날아가게 되는데(증발산 현상), 초식 동물이 식물의 잎을 뜯어 먹게 되면 식물은 잃어버린 잎을 다시 만들기 위해 초식 동물이 없을 때보다 광합성을 더 활발하게 하게 된다. 이 생태계 실험을 진행하고 있는 세르게이(Sergey Zimov)와 니키타(Nikita Zimov)에 의하면, 북극지역의 토양은 북극 사막으로 불릴 만큼 건조했었는데, 인간의 무분별한 사냥에 의해 동물 개체수가 감소했고, 그로 인해 초식동물이 줄어든 상태에서 식물의 광합성 활동이 감소하면서 토양에 수분이 증가해 습지 형태가 많이 나타

1, 3. 러시아 체르스키 실험구의 7월 모습
2, 4. 러시아 체르스키 실험구의 11월 모습

나게 되었다고 한다. 또, 습지가 많이 생기면서 유기물 분해 속도가 느려져 많은 양의 유기물이 쌓이고 북극 생태계의 물질 순환 속도가 전반적으로 감소했다고 한다. 물질 순환이란 탄소, 질소 등의 물질들이 형태가 바뀌면서 대기, 육지 생태계 등을 순환하는 현상을 말한다. 대규모의 생태계 실험을 통해, 초식

동물을 생태계에 유입시켜 동물이 많던 예전의 생태계 모습을 복원하면 식물의 활동이 늘어나면서 토양 수분이 낮아지는지, 그리고 그로 인해 탄소 순환 등 물질 순환이 활발해지는지, 이러한 북극 생태계의 변화가 전 지구에는 어떤 영향을 미칠지 등을 연구하고 있다. 그 결과가 굉장히 기다려진다.

러시아 체르스키에서 나는 습지에서의 수위가 낮아졌을 때 생태계-대기 간의 이산화탄소와 메탄의 교환량이 어떻게 변하는지를 연구했다. 북극 동토층에는 많은 양의 탄소가 저장되어 있다고 알려져 있는데, 토양 3미터 안에 1,330~1,580Pg의 탄소가 저장되어 있고, 이는 전 세계 토양 유기물의 40%에 해당한다. 그리고 탄소만큼 많이 저장되어 있는 것이 얼음이다. 기후변화 때문에 북극의 대기 온도가 올라가고 얼음이 녹으면서 지형이 변하면, 상대적으로 물이 많던 곳이 건조해지기도 하고 물이 적었던 곳이 습해지기도 한다.

예를 들어, 북극 툰드라지역에서는 매년 토양이 얼기와 녹기를 반복하면서 특징적인 지표면이 나타난다. 그 중 하나가 다각형 지형인 구조토(polygon)인데, 작게는 5미터부터 크게는 30미터까지 다양한 크기로 존재한다. 다각형의 테두리 아래로는 얼음쐐기(ice wedge)가 존재하고, 다각형 안쪽은 상대적으로 낮은 지형으로 인해 여름철은 지표면에 물이 고이게 된다. 대기가 따뜻해지면 얼음쐐기의 윗부분이 녹기 시작하면서 얼음쐐기가 있던 곳의 지형은 낮아지고, 얼음이 없던 곳의 지형은 상대적으로 높아지면서 지표면의 물 분포가 달라질 수 있다. 이에 따라 우점하는 식생과 미생물의 군집과 그들의 활동량이 변하고, 결과적으로는 대기와 육상 생태계 사이의 이산화탄소와 메탄 플럭스가 변하게 된다.

습지에서의 수위가 낮아지면서 토양 온도, 식생과 미생물의 군집이 변했고, 그에 따라 대기 중으로 방출되는 이산화탄소의 양은 증가한 반면 메탄의 양은

고글을 쓰지 않아도 되는 상대적으로 "포근한" 겨울날, 눈썹에 성에가 낀 모습

감소했다. 한 기체의 방출량은 증가하고 다른 기체의 방출량은 감소하였지만, 이산화탄소의 증가량이 메탄의 감소량보다 커서, 결론적으로 더 많은 양의 기체가 대기 중으로 방출되었다. 이산화탄소와 메탄은 대표적인 온실기체로 알려져 있고, 대기 중의 이산화탄소와 메탄의 농도가 증가하면 지구의 온도는 더 높아지게 된다. 이런 피드백 작용으로 인해 더 높아진 지구의 온도는 동토층을 더 녹이게 되고, 대기 중으로 방출되는 온실기체의 양이 또 늘어나면서 지구는 점점 더 더워지는 악순환이 반복될 수 있다.

지구의 온도는 수십 년 동안 급격하게 높아졌고, 온도변화가 가장 컸던 지역은 북극이다. 동토층의 해동으로 인해 대기 중의 온실기체 농도가 증가하면, 이 증가한 기체는 북극지역에만 머물러 있지 않고 전 지구로 퍼져나가고 전 지구의 대기 온도에 관여하기 때문에 북극 생태계의 변화는 우리나라에도 영향을 미친다. 지구의 온도는 앞으로도 증가할 것이라고 예측된다. 기후변화가 북극 생태계를 어떻게 바꾸어 놓을지, 북극 생태계의 변화가 다시 기후에 어떤 영향을 미칠지 앞으로 더 알아보려고 한다.

⊕ 척치해의 생태계

강성호, 양은진

척치해 해빙 감소와 수온 상승

북극의 바다는 해마다 가을(10월 초)에 얼기 시작하여, 한겨울(1~3월)에는 북극해 전체의 약 85%가 얼음으로 뒤덮이게 된다. 바다가 얼어붙는 속도는 무척 빨라서 분당 최대 60킬로미터씩 새로 언 해빙이 남쪽으로 전진한다. 최대 약 1,500만 제곱킬로미터까지 얼어있던 북극 바다는 매년 봄(4월 초)부터 서서히 녹기 시작하여 9월 말까지 전체 해빙의 약 65%(1,000만 제곱킬로미터)가 녹아 사라진다. 지난 30년 동안 인공위성을 통해 관찰된 북극 해빙의 변화 양상을 보면, 2007년 전까지는 북극해 해빙의 여름 최소 면적은 평균 약 700만 제곱킬로미터 정도였으나, 최근 10년(2006~2015) 동안에는 평균 약 500만 제곱킬로미터 이하로 약 15% 가량 급격하게 줄어들었다. 해빙을 부피로 환산하여 계산해 보면 36년 동안 약 65%의 해빙이 녹아 사라졌다.

북극해 중에서도 태평양 쪽에 있는 척치해 주변 해빙이 빠른 속도로 감소하면서 해양-해빙-대기 간의 열 교환과 해양 순환에도 변화가 일고 있다. 해빙 면적이 줄어들고, 담수의 유입이 증가하면서 척치해의 해양 생태계 또한 변화에 직면해 있다. 최근 수년 동안 북극해 주변 해역의 8월 표층수온이 1982~2010년 평균값에 비해 비정상으로 높게 나타나고 있다. 시·공간적으로 큰 차이를 보이는 북극해의 표층수온은 태양의 계절적인 변화 주기, 해류와 대기 순환에

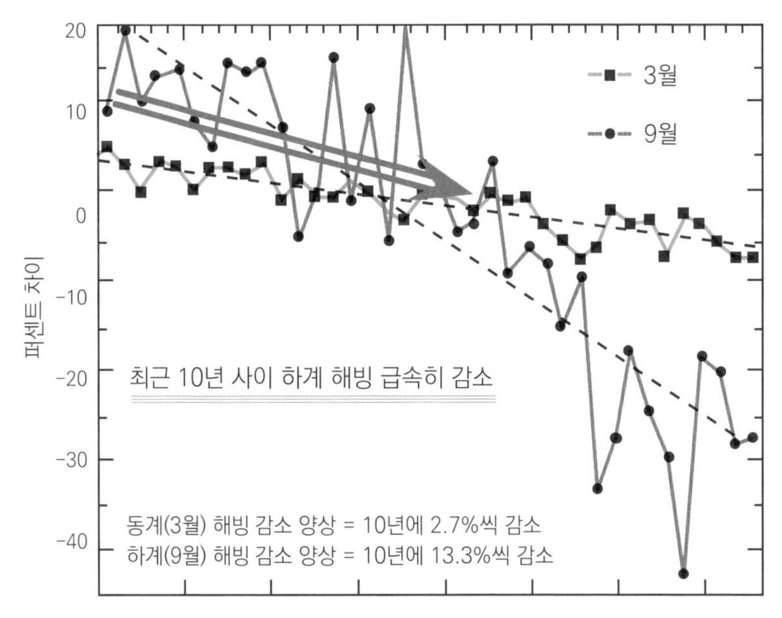

최근 북극해 해빙 면적 감소 양상 (출처: Arctic Report Card)

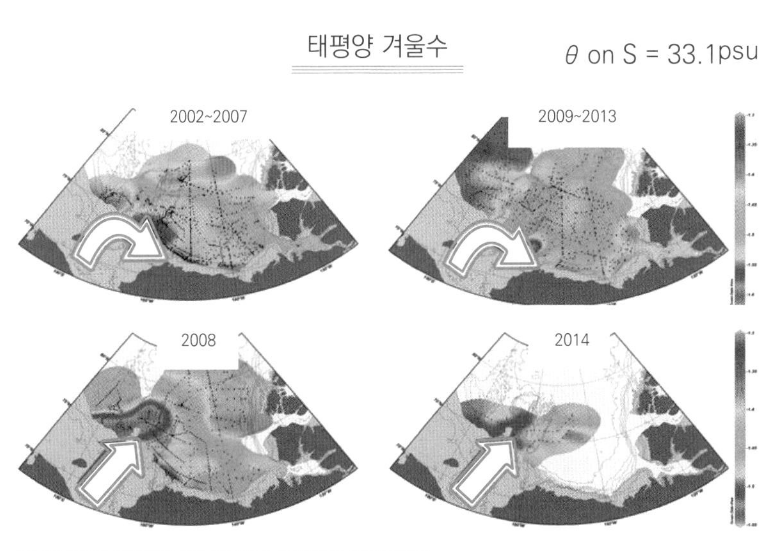

태평양 겨울수의 척치해 유입 변동 양상 (자료제공: 조경호박사)

의한 열 교환 등의 영향을 이해하기 위한 중요한 환경변화 지표이다. 그중에서 척치해는 온난화 추세를 잘 보여주는 해역으로, 8월 표층수온이 매 10년마다 약 0.5도씩 증가하고 있다. 해빙이 거의 사라진 척치해의 8월 표층수온은 약 0~7도이며 2007년 이래 가장 높았으며 1982~2010년 8월 평균값에 비해 약 4도나 높았다. 이는 고온의 태평양 겨울수의 척치해 유입으로 인해 수온이 높아졌기 때문이다. 따라서 8월 척치해 표층수온의 급격한 상승으로 인한 표층수의 태양열 노출 시간이 길어지면서 해빙의 감소시기도 빨라지고 녹는 속도도 더 빨라지게 된 것이다.

척치해의 해양 생태계

환경변화가 심한 척치해에 서식하고 있는 미생물 및 동·식물플랑크톤들은 수온, 해빙분포, 일사량, 영양염 농도변화 등에 민감하게 영향을 받는다. 예를 들면, 겨울 동안 척치해의 동물플랑크톤이 살아남기 위해 해빙 미세조류가 중요한 먹이공급원으로 작용한다. 해빙 주변에 미세조류의 대량증식이 일어나면 그 주변에 서식하는 저서생물과 동물플랑크톤의 봄철 성장이 촉진된다. 해빙은 먹이를 구하거나 번식을 위한 정착지로 해빙을 이용하는 새와 포유류(예: 북극곰, 물범, 고래 등)들에게 중요한 서식지이다.

1998~2010년 기간 동안 일차생산이 가장 큰 폭으로 증가한 북극 해역은 척치해였다. 해빙 변동, 광합성이 일어날 수 있는 유광층으로의 광량 증가, 영양염 농도 변동 등이 척치해의 일차생산력에 영향을 미치는 주요 환경 요인들이다. 그런데 최근 해빙 감소로 척치해 식물플랑크톤 대량증식 시기가 크게 변하고 있다. 대표적 예로 식물플랑크톤 대량증식이 가을에도 2차적으로 발생하고 있다. 가을의 식물플랑크톤 대량증식 현상은 해빙 형성이 지연되며 표층수가

북극해 결빙해역 주변에서의 연구

바람의 영향으로 더 오래 지속되는 시기에 심층 영양염이 유광대로 공급되면서 이런 현상이 발생한다. 1998~2012년 기간 동안 일차생산력이 거의 일정하게 유지되는 양상에서 1년에 한 번이나 두 번 식물플랑크톤이 급증하는 양상으로의 전환이 뚜렷하게 일어났다.

척치해와 결빙해역 주변에서 지난 15년 동안 가을철의 두 번째 대량증식이 더 일반화되었다. 해빙 면적이 최소화되는 9월에 북극해지역에서 폭풍이 부는 날의 숫자(풍속 초속 10미터이상으로 정의)가 지난 10년 동안에만 두 배로 증가하고 있다. 이는 바람에 의한 해수 혼합이 가을철 두 번째 식물플랑크톤 대량증식의 원인일 수 있음을 의미하는 것이다. 또한 해빙에 덮이지 않은 해역에서 일어나는 저기압에 의한 해수 혼합은 일차생산을 촉진시키는 또 다른 물리적 메커니즘이다. 해빙 감소로 인한 해수 유광층 내 광량 증가가 식물플랑크톤의 광합성에 큰 도움이 되지만 광합성작용에 필수적인 영양염이 없을 경우 일차생산력은 증가하지 못한다. 그런데 일차생산자의 주요 영양염인 질산염, 아질산염, 인산염 측정치 데이터베이스를 통해 북극해의 순군집생산 추정치가 가장 높은 해역이 베링해와 척치해였다.

현재 척치해 생태계에서 일어나고 있는 생태학적, 생지화학적, 사회경제적 변화의 영향을 이해하는 것은 향후 전 북극해 환경변화가 인류에 어떤 영향을 미칠지를 진단하는데 중요한 역할을 할 것이다.

척치해 해빙 생태계

북극해는 해빙이 얼고 녹으면서 일어나는 독특한 해빙 생태계를 가지고 있다. 해빙 생태계는 해빙 위에 존재하는 융빙 호수, 해빙 안에 형성되는 염분의 통로, 해빙과 해수가 만나는 경계면에 존재하는 서식처 등으로 이루어진다. 차가운 얼음덩어리인 해빙에서 생물체들이 살아가기에는 불가능해 보이지만 해빙 안에는 다양한 생물체가 존재하면서 북극해의 생태계를 풍요롭게 유지시켜 주는 중요한 역할을 한다. 해빙은 얼음만으로 가득 차 있는 것이 아니라 다양한 형태의 염분 통로가 존재하며, 그 내부에는 미생물, 식물플랑크톤, 동물플랑크톤 등의 다양한 미소생물들이 서식하면서 작은 생태계를 구성하고 있다.

해빙에서 발견된 생물 가운데 가장 많이 서식하는 생물체는 미세조류이다. 해빙이 자라면서 바다로 미처 빠져나가지 못한 미세조류들은 염분통로에 갇히게 된다. 미세조류의 대부분은 규조류이며, 해수에 서식하는 식물플랑크톤 보다 이른 시기에 번성하기 때문에 겨울을 지나온 상위 영양단계 포식자에게 중요한 먹이공급원 역할을 한다. 또한 북극해의 해빙이 녹는 여름에는 해수로 녹아 들어가 식물플랑크톤의 번성을 돕거나 해양 바닥으로 떨어져 저층에 서식하는 저생생물들의 먹이가 되는 등 북극해 해양과 해빙 생태계에서 매우 중요

척치해 해빙 내부의 염분통로에 서식하는 미세생물 (출처: NOAA)

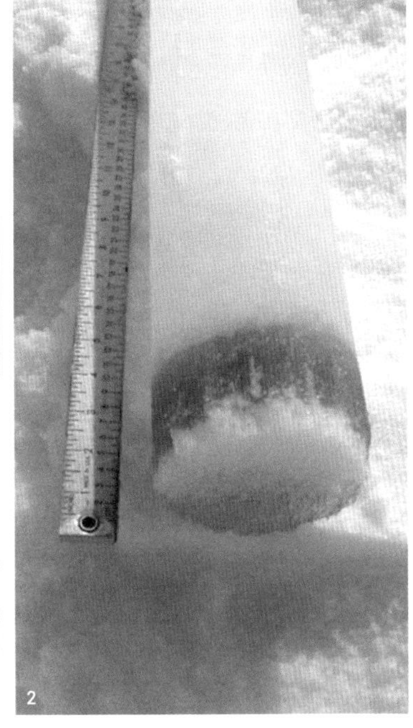

1. 북극 척치해에서 해빙 시료 채집 2. 채집된 해빙 코어 (© 주형민)

척치해 융빙 호수에서 해빙 생태계 연구

해빙 위에 설치한 캠프 전경

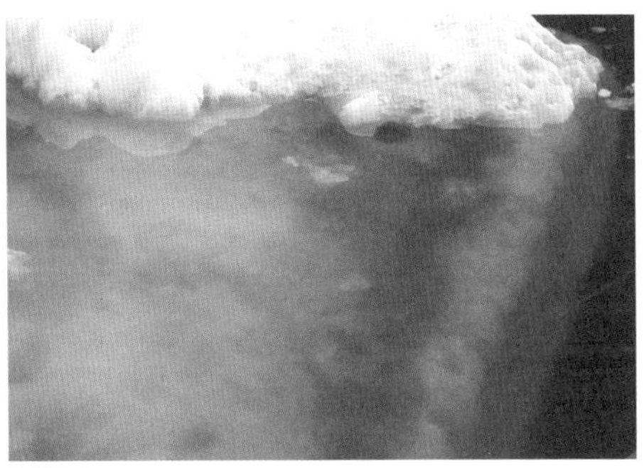

해빙에 붙어서 자라는 미세조류

한 역할을 한다.

특히 북극해 해빙생태계에만 존재하는 독특한 해양 생물들의 서식처는 '융빙호수'인데, 해빙 표면에 쌓인 눈과 해빙 표면이 녹으면서 형성되는 작은 물웅덩이를 말한다. 해빙 위 융빙 호수는 해빙 면적의 80%를 차지할 정도로 빠르게 증가하고 있다. 최근 연구 결과에 따르면 물웅덩이에서의 일차생산성은 북극해 해양 생태계 전체의 1% 미만으로 매우 낮게 나타나지만, 이전에 고려되지 않았던 또 다른 해양생물을 위한 먹이공급원이라는 측면에서 중요하다.

해빙 감소가 척치해 해빙 미세조류에 미치는 영향 역시 상당하다. 해빙 미세조류는 북극해에 광범위하게 살고 있다. 이들은 바다 바닥으로 가라앉기도 하는데, 관찰 당시(2012년 8~9월), 해저(수심 3,500~4,400미터)에서 가라앉는 해빙 미세조류의 양은 1제곱센티미터 당 약 9g 정도 되었다. 해빙에 미세조류가 많다는 점은 잘 알려져 있었지만, 미세조류가 깊은 바다까지 이렇게 많이 침강되는 현상은 최근에야 관측되었다. 이렇게 가라앉은 미세조류를 저서생물

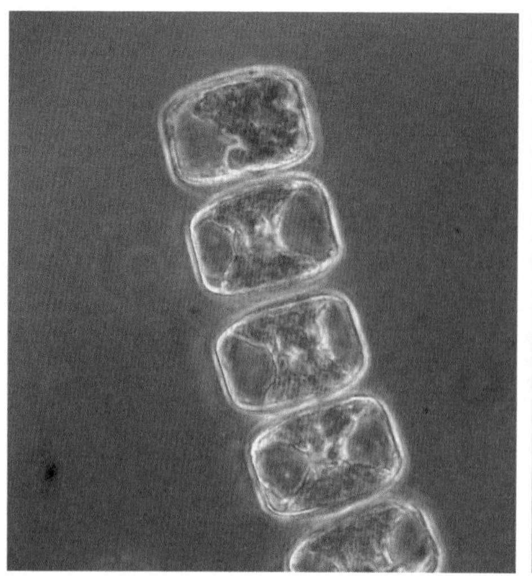
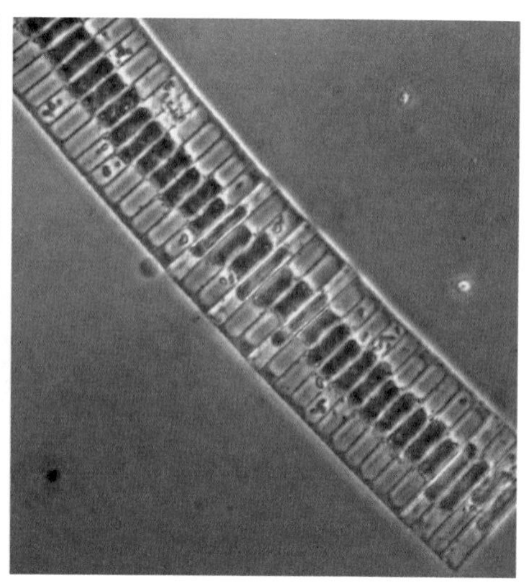

척치해에 살고 있는 식물성플랑크톤. 왼쪽 사진부터 포로사이라(*Porosira*), 프라질라리옵시스(*Fragilariopsis*), 탈라시오시라(*Thalassiosira*)에 속하는 생물.

이 먹는 모습이 관찰되기도 했다. 북극해 해빙이 줄어들면 먹이그물을 통해 연결되어 있는 다른 생물에도 영향을 줄 수 있음을 보여준다. 척치해 해양시스템의 환경변화와 일차생산에 대한 지속적인 모니터링은, 북극해의 전체적인 탄소순환과 먹이그물을 이해하는데 무척 중요하다.

척치해 해양생물 군집구조변화

척치해 해양생물 군집은 환경변화에 큰 영향을 받고 있다. 척치해에 서식하는 해양생물들은 저온환경에서 적응했기 때문에, 급격한 온난화는 이들에 큰 영향을 미칠 수 있다. 지구 온난화는 서식지의 변동과 먹이 이용에 변화를 초래할 수 있으며, 만약 척치해 해양 생물종들이 이러한 급격한 변화에 적응하지 못한다면 이들의 개체 수가 감소하여 생물다양성이 감소하게 될 것이다. 예를 들어, 지구 온난화가 진행되면 이전에 고온의 저위도 해역에 서식하던 생물들이 척치해 북쪽으로 이동할 가능성이 있고, 이에 따라 척치해의 고위도 해역에 외래종의 유입이 증가하여 먹이와 필수적인 자원들을 놓고 생물종

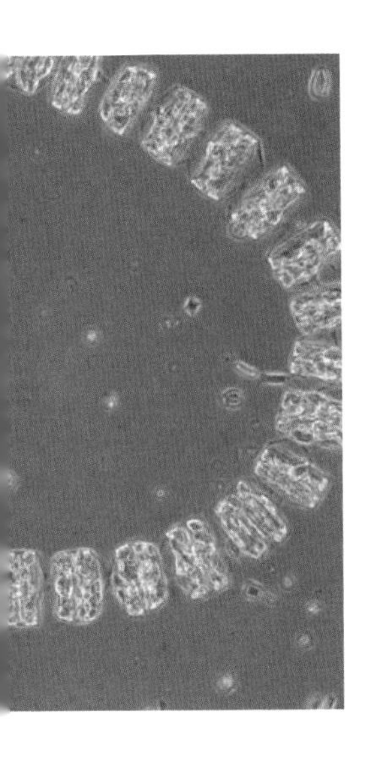

간의 경쟁이 증가하여 해양 생태계가 급변할 수 있다. 또한 잠재적으로 특정생물이 감소하거나 사라질 수도 있을 것이다. 저온의 안정된 해양 환경을 유지해 온 척치해에서, 많은 해양생물이 해양온난화에 견디지 못할 수도 있다. 대부분의 북극 호냉성생물들은 섭씨 5도 이상에서는 살아남지 못한다. 결과적으로, 해양 수온의 미약한 변화에도 해양 생태계가 급격하게 변할 수 있다.

척치해 해양 생태계변화는 급격한 해빙 감소와 이로 인한 담수 유입 증가와도 밀접하게 연관되어 있다.

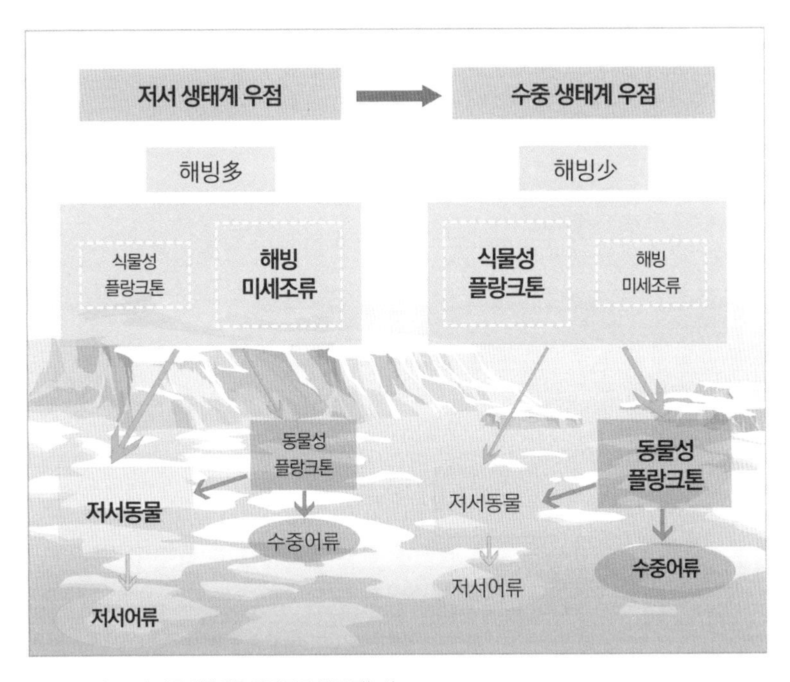

척치해 해빙감소에 따른 해양생물 군집 구조 변동 가능성

쇄빙연구선 아라온호에서 저서생물 시료를 채집하는 모습

녹은 해빙과 육지의 강으로부터 유입된 담수는 해양생물의 성장, 재생산 및 생지화학적 순환에 영향을 주는 수온 및 영양염변화와 직접적으로 관련되어 있다. 최근의 급격한 환경변화는 척치해의 상·하위 영양단계 생물에 상당한 영향을 주어 전체 해양생태계 변동의 원인이 되고 있다. 하위 영양단계의 구성원으로는 식물플랑크톤과 해양 미생물을 들 수 있으며, 대표적인 해양 미생물로는 박테리아(세균)와 바이러스가 있다. 식물플랑크톤은 광합성을 통해 해양 생태계를 유지시킬 수 있는 먹이를 생산하는 일차생산자이다. 해양 박테리아는 큰 생물들이 이용하지 못하는 작은 크기의 용존성 유기물을 이용하여 성장함으로써 최종적으로 상위 영양 단계로 유기물을 전달시키는 역할을 담당한다. 바이러스는 해양 생태계에서 가장 많은 수를 차지하고 있는 구성원으로, 숙주생물을 용균시켜 용존성 유기물을 생성하고 영양염을 하위 영양 단계에 머물게 하는 역할을 담당한다. 척치해 해양 생태계의 영양 단계들과 이들

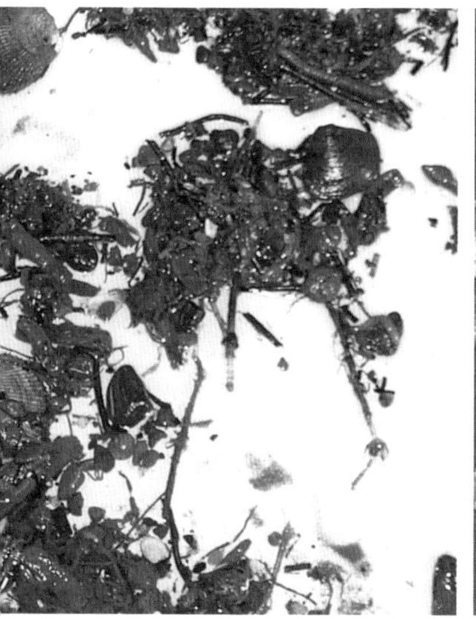
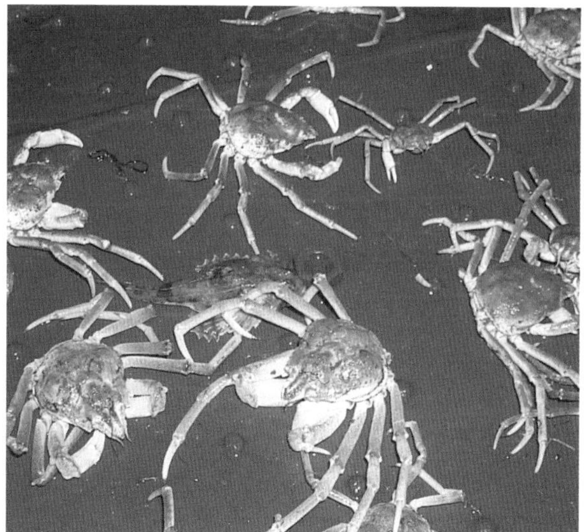

아라온호에서 채집한 저서생물

의 연계성을 확인하기 위해서는 주요 생물군들의 상태와 변화양상을 이해하는 것이 필요하다.

척치해의 대륙붕 해양 생태계는 영양염 공급이 비교적 잘 이루어지고 식물플랑크톤 생물량이 높아 저층으로의 탄소공급이 잘 이루어져 저생생물 생물량이 높다. 이로 인해 저서생물에 의존하는 해양포유류(턱수염바다물범, 바다코끼리, 극고래)와 바닷새 생태계가 잘 발달되어 있다. 최근 온난화로 인한 해빙감소, 어패류 생물량 감소는 잠수성 바다오리 수의 급격한 감소, 바다코끼리, 극고래 등 대형 척추동물들이 북쪽으로 이주하는 현상, 어류의 북쪽 이동의 원인이 되고 있다. 최근 수년간, 해빙의 급속한 감소는 러시아와 알래스카에서 수천 마리의 바다코끼리들이 해빙 서식지가 사라짐으로 인해 남쪽의 육지로 이동하는 결과를 낳았다.

척치해 환경변화의 영향

급격한 환경변화로 척치해에 서식하는 해양생물뿐만 아니라, 주변에 거주하는 인간들도 많은 영향을 받고 있다. 예년에 비해 높은 대기 온도와 극단적인 자연 재해들이 일상적인 것이 되고 있다. 지구촌 곳곳에서 부정적인 영향을 주고 있는 환경변화는 원주민들의 생활 모습도 변화시키고 있다. 예를 들어, 강수량의 증가는 식량 생산을 늘려주며 대기온도 상승은 겨울철 이동 조건을 개선해 주는 결과를 낳았다. 반대로, 이러한 기상현상들은 해안선을 침식시키고, 도로를 파괴하고 특정 지역의 이동을 어렵게 만들기도 한다. 알래스카 주 모든 지역에 존재하는 213개의 원주민 주요 거주지의 약 90%가 홍수 또는 연안침식으로 생활에 어려움을 겪고 있다. 결빙기가 점차 늦어지면서 북극권 원주민들의 삶의 터전이 점점 사라지고 있다. 해빙은 해안의 물리적 파도 형성을 억제하기 때문에 해빙이 사라지게 되면 마을은 폭풍의 위험에 빠지게 된다. 폭풍의 영향은 거주민의 삶을 위협하고, 인프라에 피해를 끼치며 연안침식을 가속화할 것이다. 북극해의 온난화로 인해 결빙기가 늦어지고 융빙기가 빨라지면서 해빙 위에서 사냥을 하면서 생계를 유지하는 원주민의 삶이 위협받고 있다. 해빙의 접근이 점점 어려워지면서 생존을 위한 먹이 사냥 조건이 악화되고 있다. 전통 방식을 사용하는 사냥꾼들은 충분한 양의 눈과 얼음이 없어 눈썰매를 효율적으로 이용할 수 없기 때문에 육상 포유류(예: 삼림순록) 사냥에 큰 어려움을 겪는다. 동시에 이곳의 동물종의 구성, 분포 및 밀도가 변화하고 있어 사냥할 수 있는 동물이 점점 사라지고 있다.

북극에서 멀리 떨어져 있는 우리 한반도도 북극해의 급격한 변화로 큰 영향을 받고 있다. 방 온도를 일정하게 유지해주는 에어컨과 같은 역할을 하는 북극해 환경시스템의 오작동으로 심지어 우리들도 한파, 폭설, 폭염 등과 같은 기후변화로 큰 고통을 받고 있다. 이는 우리 인간들이 과도한 화석에너지 이용으로 인한 이산화탄소 증가로 지구 온난화가 가속화되면서 전 지구 기후를 통제하고 조절하는 북극 에어컨 장치가 이상 작동되고 있기 때문이다. 지구상 어떤 곳보다 환경변화에 민감하게 반응하는 북극해를 우리는 지구를 위한 '카나리아'라 여겨야 할 것이다. 탄광에서 카나리아는 광부들에게 유독한 기체가 앞에 있음을 경고하는 경고등의 역할을 하듯, 북극해는 지구에 큰 변화가 다가오고 있음을 우리에게 경고하는 경고등의 역할을 하는 것이다. 북극해는 지금 우리에게 지구가 넘어서서는 안 될 임계점을 지나 돌아올 수 없는 소용돌이 속으로 빨려 들어가고 있음을 경고하고 있는지도 모른다.

◈ 얼어붙은 메탄가스

진영근

북극해 속의 영구동토층

북극이 급격하게 더워지고 있다. 북극의 대기 온도가 상승하고 바닷물이 따뜻해져서 얼음이 줄어들면, 땅에서는 어떤 일이 일어날까?

대부분 북극의 땅은 딱딱하게 얼어 있다. 오랫동안 기온이 영하로 유지되기 때문에 지표의 차가운 온도가 땅속 깊은 곳까지 전달되어서 깊은 지층 속에 들어 있는 물까지 언다. 북극권에서는 영구동토층이 최대 지하 1,500미터 깊이까지 발달한 지역도 있지만, 대부분 지역에서는 수백 미터 정도의 깊이를 보인다. 북반구에서는 전 육지면적의 약 24%가 영구동토층으로 시베리아, 알래스카, 캐나다 북극과 티벳 고원 같은 고산지역에 발달해 있다.

우리가 주목하고 있는 영구동토층은 북극해 대륙붕이다. 대륙붕은 육지에서부터 바다로 연장된 얕은 수심의 평탄한 지역을 말하며 대륙붕의 끝에서부터는 바다 쪽으로 점차 깊어진다. 대륙붕 끝단의 깊이는 약 140미터로 전 세계적으로 매우 비슷한데, 지난 과거 빙하기 동안 해수면이 낮아진 깊이와 일치한다. 북극해 대륙붕은 수심 100미터 이하의 얕은 바다로, 북극해 전체 면적의 약 30%에 달하는 넓은 지역을 차지하고 있다. 총 면적이 약 3,200만 제곱킬로미터로 한반도 면적의 15배에 달한다. 이 넓은 북극해 대륙붕은 과거 수만 년

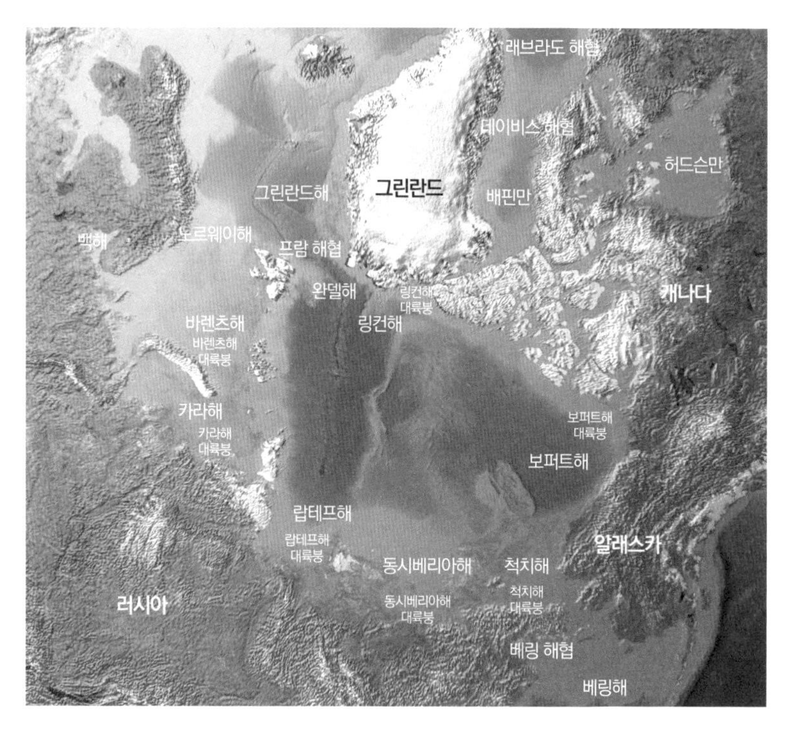

북극해 대륙붕 분포

의 빙하기 중에 해수면이 낮아지면서 육지가 되었던 지역으로 영하 20도 정도의 혹한에 노출되었다. 이런 혹한은 이 지역에 두꺼운 영구동토층을 형성시켰다. 지난 수천 년 동안 해수면이 다시 100미터 이상 높아지면서 얕은 육지지역은 물속에 잠겨 대륙붕이 되었다.

북극해에서는 가장 두꺼운 바다얼음도 수면에서 수십 미터 정도에 불과하고 다년빙이라고 해도 수 미터를 넘지 않는다. 즉 북극해는 해수면만 얼어 있고 그 아래에는 얼지 않는 바닷물로 채워져 있다. 바닷물이 어는 온도는 영하 1.8도이기 때문에 얼지 않은 수층의 온도는 그보다 높다. 북극해 대륙붕은 오

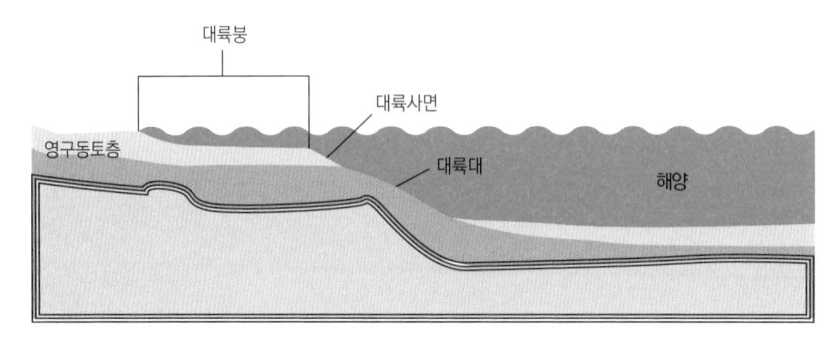

대륙붕과 대륙사면의 영구동토층이 해수의 영향으로 녹기 시작했다.

랫동안 육상에서 영하 20도 정도의 혹한에 노출되다가 이제는 영하에 가까운 따뜻한 바닷물에 덮인 셈이다. 더구나 바닷물은 공기보다 비열이 커서 많은 열을 가지고 있기 때문에 해저지층을 더 빨리 데울 수 있다. 건식 사우나보다 습식 사우나가 같은 온도라도 더 뜨거운 것과 같은 이유이다. 이제 북극 대륙붕이 바닷물에 덮인 지 수 천년 이상 지났다. 따뜻한 바닷물의 열이 땅속 깊이까지 충분히 전달될 수 있는 시기가 되었다. 해저면에 가까운 대륙붕이나 영구동토층의 경계 부근에 있는 대륙사면의 영구동토층들이 녹기 시작하게 되었음을 의미한다. 아직도 혹한이 유지되고 있는 북극 육상의 영구동토층보다 해저 대륙붕의 영구동토층이 훨씬 빠르게 녹는 이유이다.

지구 온난화의 시한폭탄, 메탄

메탄은 우리 주방에서 요리할 때 사용하기도 하고 친환경 버스의 연료로 사용하고 있는 천연가스의 주성분이다. 메탄은 연소되면 이산화탄소와 물만을 생성하기 때문에 석탄이나 석유 같은 다른 화석연료보다 훨씬 깨끗한 에너지원이다. 세계의 에너지 추세도 석유에서 천연가스로 빠르게 전환되고 있다. 그러나 동전의 양면처럼 메탄은 100년 동안의 효과로 계산할 때 이산화탄소보다 약 25배의 온실효과를 나타내는 강력한 온실기체이다. 만일 20년의 효과만을 고려하면 72배에 달한다. 대기 중의 이산화탄소량이 메탄량보다 20배 이상 많기 때문에 이산화탄소가 전 지구 온실효과에 차지하는 비중은 메탄보다 3~4배 높아 온실 기체의 주범처럼 알고 있지만, 양은 적지만 메탄이 갖는 강한 온실효과는 지구 온난화에 훨씬 중요한 영향을 미칠 수 있다. 실제로 1750년 산업혁명 시대를 기준으로 볼 때 이전 시대의 대기 중 이산화탄소 농도는 280ppm에서 현재 약 400ppm으로 약 43% 증가하였다. 이에 비해 메탄은 700ppb에서 1893ppb로 약 170% 급격하게 증가하였다. 산업혁명 이후 지구 기온이 빠르게 상승하고 있는 추세는 이런 메탄의 급격한 증가와 관련되어 있을 가능성이 높다.

미국 알래스카대 연구진은 2010년 「사이언스(Science)」 논문을 통해 "북극해 동시베리아 북극 대륙붕 지대에서 메탄가스가 흘러나오고 있으며, 그 양이 지구 전체 바다에서 방출되는 양과 맞먹을 정도"라고 밝혔다. 이 지역의 해수에서는 다른 바다에 비해 무려 8배나 높은 메탄 농도가 측정되었다. 이는 최근의 급속한 지구 온난화에 의해 동시베리아 북극 대륙붕 해저의 영구동토대와 가스하이드레이트층이 녹으면서 그 속에 포함된 막대한 양의 메탄이 이미 방출되기 시작하고 있음을 의미한다. 북극 대륙붕은 수심이 매우 얕기 때문에 지층에서 방출된 메탄가스가 해수층에서 많이 소비되지 않고 많은 양이 대기 중으로 바로 방출될 수 있다. 대기 중으로 올라간 메탄은 기온을 크게 상승시키는 온실효과를 일으키고, 상승한 기온은 다시 북극의 영구동토층을 더욱 빠르게 녹여 더 많은 메탄을 발생시키는 피드백 작용을 하게 된다.

2008년 유엔환경기구는 북극해에서의 대규모 메탄방출 현상을 강력한 온실효과를 일으켜 지구 기온을 급격히 상승시키고, 이것은 다시 더 많은 메탄을 방출하게 하는 악순환을 일으켜 돌이킬 수 없는 환경재앙을 가져오는 '온난화의 시한폭탄'이라고 경고하였다. 2013년 「네이처」지에는 동시베리아해 대륙붕의 영구동토층이 녹아서 일어나는 메탄방출 현상에 의한 경제적 피해액이 60억 달러(약 7조원)에 달할 것으로 전망하는 기사가 게재되었다. 2012년 전 세계 경제규모에 맞먹는 엄청난 액수이며, 북극 전체로 따지면 더 큰 피해액이 될 것이다. 이는 향후 북극에 매장된 막대한 자원과 북극항로 개발 등으로 유발될 수 있는 경제적 이익에 보다 훨씬 큰 규모이다.

또한 북극의 메탄방출은 기후 변화에 관한 정부 간 패널(IPCC)에서 제시한 지구 평균온도가 2도 상승하는 시점을 15~35년 이상 앞당길 것으로 예측하였다. 북극 온난화는 홍수, 혹한, 가뭄과 태풍과 같은 기상재해를 강화시키고, 그 피해의 대부분은 생활과 건강 수준이 열악한 개발도상국에 집중될 것이라고 제시하였다. 또한 해양산성화, 해양-대기 순환, 해수면 상승 등 전 지구적 자연현상에도 큰 영향을 주기 때문에 메탄방출만으로 평가한 예측치보다 더 큰 규모의 피해를 줄 것으로 예상된다.

불타는 얼음 '가스하이드레이트'를 찾아서

가스하이드레이트는 지층에 메탄이 충분히 존재하고, 압력(지층 또는 수층의 심도)이 높으며 온도가 낮은 조건을 가진 지역에서 존재할 수 있다. 이런 조건을 충족하는 곳이 우리나라 동해를 포함한 전 세계 많은 지역에서 발견되고 있다. 육상에서는 남북극의 영구동토지역에만 존재한다. 해양의 경우에는 북극해와 같은 바닷물이 차가운 해양에서는 수심 300미터부터, 따뜻한 해역에서는 수심 700~800미터 보다 깊은 수심의 해저에서 나타난다. 하지만 지표에서 지하로 내려가면서 압력은 증가하지만 지온이 빠르게 상승하기 때문에 가스하

북극 대륙붕에서 나온 가스하이드레이트

이드레이트가 존재할 수 있는 구간이 한정된다. 영구동토지역에서는 지표에서 1,200~1,300미터 깊이까지, 해양에서는 해저면에서 수백 미터 깊이까지만 존재할 수 있다. 수심이 낮은 북극해 대륙붕의 영구동토지역에 가스하이드레이트가 존재한다. 여러 측정자료를 이용한 모델링 연구와 석유와 가스를 찾기 위해 석유회사들이 심부시추 결과, 북극 보퍼트해 대륙붕에서는 영구동토층이 약 600미터 깊이까지, 가스하이드레이트 약 1,100미터까지 나타나는 것으로 확인되었다. 600미터 깊이까지는 영구동토층과 가스하이드레이트가 공존하고 그 아래에는 가스하이드레이트만 존재한다.

가스하이드레이트가 특히 관심을 모으는 이유는 막대한 매장량 때문이다. 지구상에 존재하는 가스하이드레이트에 포함된 탄화수소의 총량은 석유, 석탄, 천연가스 등 모든 화석연료의 총량보다 많다고 과학자들은 추정하고 있다. 가스하이드레이트가 녹으면 물과 메탄가스가 생기는데, 1세제곱미터의 가스하이드레이트가 녹으면 약 164세제곱미터의 메탄가스를 방출한다.

온도가 차가운 북극지역은 전 세계 가스하이드레이트의 15%인 약 400 기가톤의 탄소가 매장된 것으로 추정된다. 2008년 미국지질조사소(U.S. Geological Survey)는 알래스카 북극지역에만 1억 이상의 가구에 10년 이상 난방을 제공할 수 있는 막대한 양의 가스하이드레이트가 매장되어 있다고 보고하였다. 또한 미국 에너지성은 2011년에 발표한 보고서에서 세계에서 가장 경제성과 개발 가능성이 높은 지역이 사암층 내에 가스하이드레이트가 대량으로 부존하는 북극 영구동토지역이라고 제시하고 있다. 실제로 2002년과 2007년에 북극 육상 영구동토지역인 캐나다 말릭지역에서, 2012년 미국 알래스카 북부지역에서 가스하이드레이트 시험 생산이 성공적으로 실시되었다. 전문가들은 멀지 않은 시일 내에 북극 영구동토지역에서 가스하이드레이트 생산이 가능할 것으로 예상하고 있다.

보퍼트해 탐사를 시작하기까지

극지연구소는 오랫동안 극지 해역에서 가스하이드레이트와 메탄방출 현상을 탐사해 오고 있다. 1990년대부터 시작한 남극 탐사에서는 남극 세종과학기지 주변 해역에서 우리나라 연간 천연가스 소비량의 300년 치에 해당하는 가스하이드레이트층을 발견하였다. 2003년부터 2015년까지 계속된 러시아 오호츠크해 국제공동연구탐사를 통해 30개 정점에서 가스하이드레이트 시료를 채취하고 1천여 개의 메탄방출 구조를 발견하였다.

2010년부터는 첨단 탐사장비를 갖춘 쇄빙연구선 아라온호가 출항하면서 본격적인 북극해 탐사를 시작하였다. 2013년부터 한국-캐나다-미국 3개국 연구팀이 캐나다 북극 보퍼트해에서 아라온호를 이용해 국제공동탐사를 하였다. 지구 온난화를 유발할 수 있는 북극해 대륙붕의 메탄방출 현상과 가스하이드레이트를 연구하는 국제 프로젝트이다. 이 해역은 가스하이드레이트를 세계 최초로 시험 생산한 육상지역인 말릭과 인접한 곳이기도 하다.

다른 나라 수역에 속한 캐나다 보퍼트해에서 우리 연구선 아라온호가 탐사 활동을 하기 위해서는 캐나다 정부와 원주민 사회의 허가서를 받아야 한다. 허가서를 받는 절차는 오랜 준비기간이 필요했다. 우리 측에서는 캐나다 영해에서의 해양과학탐사 허가서, 캐나다 영해에서의 항해할 수 있는 각종 기준을 맞는 아라온호의 각종 증명서 등을 캐나다 정부에 제출했다. 캐나다 측에서는 이번 탐사에서 가장 중요한 다중채널탄성파 탐사를 수행하기 위해 해양환경영향평가서를 제출하고, 원주민 단체들의 허가를 받기 위해 7개 지역을 찾아다니면서 탐사 내용을 설명해야 했다. 2013년 8월 초 캐나다 정부로부터 해양과학탐사 허가서를 받고서, 국내 최초로 국적 연구선 아라온호가 북극연안국인 캐나다의 배타적경제수역(EEZ)에서 탐사를 시작하게 되었다. 2010년부터 준비한 제1차 한국-캐나다 보퍼트해 국제공동연구탐사가 약 3년간의 준비기간을 거쳐 2013년에 성공적으로 실현된 것이다. 이후 2014년과 2017년에 제2차, 제3차 한국-캐나다-미국 국제공동탐사가 계속되었다.

2017년 보퍼트해 탐사

2017년 8월 27일 우리는 앵커리지 최북단 항구도시 배로우에서 아라온호에 승선했다. 이번 탐사에는 한국 삼십 명, 미국 여덟 명, 캐나다 여섯 명 , 중국 두 명, 독일 두 명, 총 5개 나라에서 마흔여덟 명의 연구원이 참여했다. 캐나다 팀 중에는 해양포유류 보호를 위해 세 명의 보호감시관이 있었는데, 그중 두 명은 캐나다 북극지역의 원주민이다. 이들은 탄성파 탐사 전과 탐사기간 내내 아라온호에서 1킬로미터 반경 내에 존재하는 해양포유류를 관찰한다. 탄성파 탐사

자율무인탐사정 회수 작업 리허설

를 시작하기 전 한 시간 동안 해양포유류가 안전반경 내에 존재하지 않음을 확인해야 탐사를 시작할 수 있다. 탐사 중에 해양포유류가 안전반경 내로 진입할 경우에는 즉시 탐사를 중단해야 한다. 탄성파 탐사 중에 발사되는 음파신호가 해양포유류에 엄청나게 괴로운 소음으로 작용하기 때문이다.

알래스카 배로우에서 캐나다 연구지역까지 이동하면서 우리는 이번 탐사에서 사용할 연구 장비들을 설치하고 잘 작동하는지 점검했다. 이 연구 장비 중에는 탐사에 사용되는 장비는 세계적인 해저무인탐사능력을 갖춘 미국 MBARI가 자체개발한 ROV(Remotely Operated Vehicles, 원격조종탐사정)와 AUV(Autonomous Underwater Vehicles, 자율무인탐사정)가 있다.

ROV는 케이블로 연결되어 해저로 내려간 후, 선상에서 연구원이 직접 조종하면서 생생한 해저영상을 촬영하고, 영상으로 확인된 해저의 암석/퇴적물과 생물체를 탐사정의 로봇팔을 이용해서 채취한다. 이번 탐사에서는 연구지역의 수심이 깊지 않기 때문에 1,500미터 수심까지 운용이 가능하고 가동성이 높은 Mini ROV를 사용하였다. 이 ROV에는 고해상도 비디오카메라, 로봇팔, 온도 및 깊이 측정 센서, 퇴적물 코어 시료 채취장비 그리고 다양한 연구시료들을 담을 수 있는 상자 등이 장착되어 있다. 반면 AUV는 독립적으로 자율잠수항해를 하면서 해저의 정보를 획득하는 장비이다. 어뢰와 유사한 모양으로, 한번에 최대 20시간까지 연속운항이 가능하다. AUV는 미리 획득한 아라온호의 다중빔 해저지형자료를 바탕으로 설계된 조밀한 해저탐사측선을 따라 운항했다. 이번 탐사를 통해 1미터 크기의 물체를 확인할 수 있을 정도의 높은 해상도의 해저지형자료를 획득하였다. 이번 현장에서 AUV로 획득한 해저지형도는 마치 최근의 고화질 TV영상을 보는 느낌을 주었다.

무인 장비를 바다에 띄우고 다시 회수하는 일은 많은 어려움이 따르는 작업이다. 특히 아라온호처럼 새로운 연구선에 설치해서 사용하는 경우에는 처음 운영단계에서 여러 문제점이 발생할 수 있다. 외국인 연구팀과 한국인 승무원 간의 소통문제, 추운 날씨 그리고 예측할 수 없는 해황 등도 작업의 어려움을 가중시킨다. 우리는 초기 문제점을 최대한 줄이기 위해 파도가 높지 않은 허셜섬 안 허셜만에서 Mini ROV와 AUV를 점검하고 작동하는 리허설을 했다. 리허설 중에 AUV와 아라온호 크레인을 연결한 고리가 분리되는 예상치 못한 일이 생겼다. 간단한 점검으로 시작한 일이 실제 AUV 회수 작업으로 바뀌었고,

원격조정탐사정을 조종하고 있는 미국팀

해상 상황도 처음 시작할 때와 달리 파도가 많이 높아져 어려운 상황이 되었다. 여러 번의 시도 끝에 고무보트에 승선한 팀이 크레인 연결고리를 AUV에 연결하는데 성공했고, AUV는 아라온호로 안전하게 운반되었다. 덕분에 리허설 동안 실제 장비를 다루는 훈련을 제대로 했다.

9월 5일, 해저무인탐사를 시작하는 날인데 날씨가 좋지 않아 우리는 AUV 탐사를 진행할 지에 대해 심각한 고민을 하였다. AUV를 바다에 내리는 작업은 어렵지 않지만, 수면에 올라온 AUV를 찾아서 연구선까지 이동시켜 선상으로 회수하는 일은 매우 까다로운 일이다. 특히 AUV를 찾아서 이동시키기 위해서는 연구선에 탑재된 고무보트를 바다에 내려 다섯 명 정도의 연구원과 승조원들이 함께 타서 작업을 해야 하는데, 고무보트를 안전하게 운행하기 위해서는 좋은 날씨가 뒷받침 되어야 한다. 결국, 날씨사정으로 계획된 AUV 탐사를 오후에 다시 시도하기로 하고, 대신 ROV 탐사로 전환했다.

해저로 내려간 ROV가 약 100미터 수심의 대륙붕단 부근에 발달한 화산 모

해저퇴적물 채취작업을 하고 있는 한국팀

양의 얼음 언덕인 핑고 영상을 보내왔다. 다행히 오후에 날씨가 좋아져서 AUV를 바다에 내려서 정밀 해저지형탐사를 재개했다. AUV가 밤새 바다 속에서 자료를 획득하는 동안, 아라온호 선상의 연구원들도 밤새 해저지층의 퇴적물을 채취하는 작업을 하였다. 장장 18시간 동안의 탐사를 마친 AUV가 예정된 시간과 장소에서 해수면으로 떠올랐고, 아라온호의 갑판으로 무사히 회수되었다. 세 시간 동안의 자료처리과정을 통해 제작된 정밀해저지형도는 대륙붕 끝단과 평행하게 발달한 지질구조, 연장성이 좋은 능선과 계곡구조와 같은 해저지형을 놀랍도록 선명하게 보여주었다.

9월 6일 오늘은 무척 나쁠 것이라는 기상예보를 확인한 후, 오후에 계획했던 AUV 탐사를 포기하고 ROV 탐사만 하기로 했다. ROV 탐사가 시작되자 연구원들이 다시 모니터 앞으로 모이기 시작했고, 화면에는 수심 1,200미터가 넘는 깊은 해저의 모습이 생생하게 전달되었다. 날씨가 계속해서 나빠져서 예정보다 이른 오후 다섯시 반에 ROV 탐사를 마쳤다. 지난 이틀 동안의 ROV 탐사

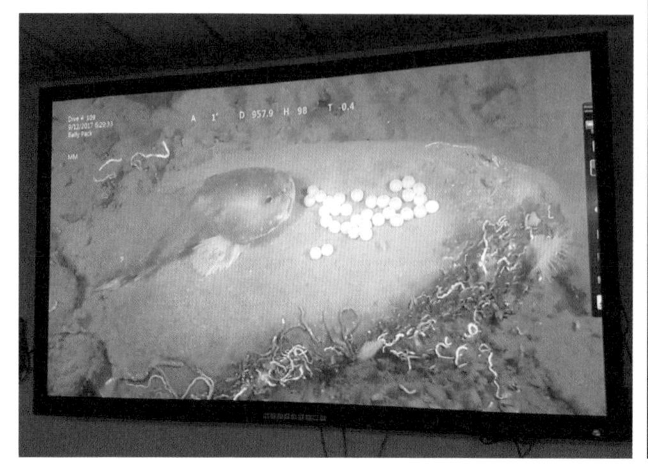

수심 958미터에서 큰 돌 위 물고기와 알의 모습을 생생하게 보여주는 ROV 영상

기간 동안 네 번의 ROV 입수를 통해 약 30개 암석시료와 8개 퇴적물 푸쉬코어 시료를 획득하였다. 그 중 두 개의 퇴적물 코어 시료는 해저면에서 자라는 박테리아 군집이 만든 토양과 메탄가스의 방출 장면이 관찰되었다.

해저무인탐사를 마치자마자 바로 이번 탐사에서 가장 깊은 1,800미터 수심의 연구지로 이동했다. 이날 밤새 총 3개 정점에서 퇴적물 코어 작업을 했다. 다음에 우리는 진흙화산으로 이동했다. 진흙화산은 지하 깊은 곳의 유동성이 큰 진흙층이 상부에서 가해지는 큰 압력에 의해 지층 사이의 틈을 따라 짧은 시간에 많은 양이 해저면까지 이동하여 분출해서 생긴 화산 형태의 지질구조를 말한다. 진흙 안에는 메탄가스가 많이 포함되어 있어 해저면에서 메탄가스가 뿜어져 나오는 곳이 많고, 해저표층에 가스하이드레이트가 자주 발견된다. 그리고 그 주변에는 메탄을 먹고 사는 여러 가지 특이한 해저생물들이 살고 있다. 낮 시간 동안 미국팀이 주도하는 ROV 및 AUV 탐사를 수행하였고, 밤 시간에는 우리 한국팀 주도로 진흙화산 위에서 퇴적물 및 해수시료를 채취하고

해저 밑바닥에서 채취한 진흙 샘플

지열을 측정하였다. 진흙화산 중심부에서 얻은 첫 번째 박스코어에는 하얀색의 얇은 박편 형태의 가스하이드레이트가 박혀 있었다. 또 다시 밤새 7개 정점에서 퇴적물을 퍼 올렸고 우리는 소중한 샘플을 채취했다. 우리의 고단한 하루는 밤샘 작업과 함께 이렇게 마무리 되었다.

우리는 이번 탐사를 2017 AMAGE(Arctic MArine Geoscience Expedition)라고 부른다. 2017 AMAGE의 주요성과는 보퍼트해 맥켄지곡의 심부 해저자원 환경을 파악할 수 있는 고해상도의 다중채널 탄성파 탐사 자료를 얻은 것, 맥켄지곡 서쪽지역에서 해저 핑고를 발견한 것, ROV/AUV 해저무인탐사장비를 이용한 보퍼트해 특이지질구조에 대한 정밀 탐사와 다양한 해저퇴적물 및 생물 시료를 채취한 것, 그리고 420미터 진흙화산에서 가스하이드레이트를 발견한 것 등이다. 다음 번 북극 탐사를 기약하며 우리의 아라온호는 다시 알래스카 놈을 향했다.

해저퇴적물에 숨겨진 과거 북극의 기록

남승일

북극해의 얼음

앞에 언급했듯이 북극해는 유라시아와 북미 대륙 그리고 그린란드로 둘러싸여 있는 지중해 형태의 대양이다. 북극해에 담긴 바닷물은 전 대양의 1% 밖에 되지 않아 작은 바다이다. 그럼에도 북극해는 전 세계 대양의 순환뿐 아니라 전 지구적인 기후변화에도 중요한 역할을 한다. 이렇게 북극해가 전 지구적인 기후변화에 중요한 이유 중 하나는 북극해의 대부분이 일 년 내내 결빙되어 있어 지구를 식혀주는 역할을 하기 때문이다.

연중 두꺼운 얼음으로 덮여 있는 북극해의 얼음이지만 자세히 살펴보면 일년생과 다년생으로 구분되며 결빙된 연도에 따라 나이 차이가 나는 여러 종류의 얼음으로 덮여 있는 것을 알 수 있다. 지난 겨울에 결빙된 얼음은 일년생 해빙으로 북극해의 대부분을 덮고 있다. 이 얼음은 태양에서 들어오는 햇빛에너지를 대기로 반사시켜 북극해를 차가운 얼음 창고처럼 지켜주지만 여름철에는 대부분 쉽게 녹아 다시 바닷물이 된다. 일년생 얼음은 겨울철에 바닷물이 결빙되면서 소금이 다 빠져나오지 못하고 일부가 남아 있어 단단하지 않기 때문에 쇄빙선 아라온호가 지나 갈 때면 쉽게 깨져 푸석푸석하는 소리를 들을 수 있다.

2015년 9월 북극해 해빙 분포 현황 (흰색)

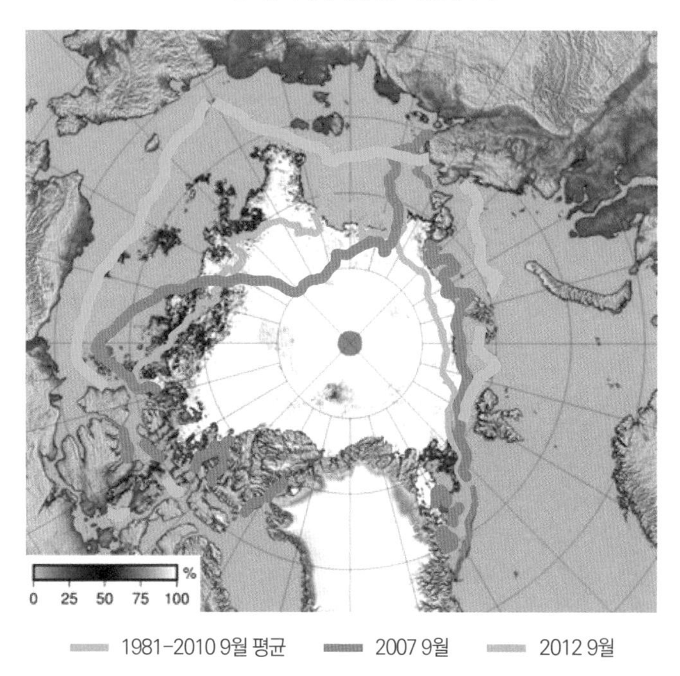

1981년부터 2012년까지 인공위성을 이용해 관측한 북극해 9월 해빙분포가 최소 면적으로 감소한 경계를 나타낸다. 2012년 9월 16일 역대 최소 면적의 해빙이 남아 있다. 중앙해역은 녹지 않고 결빙된 상태로 남아 있다.

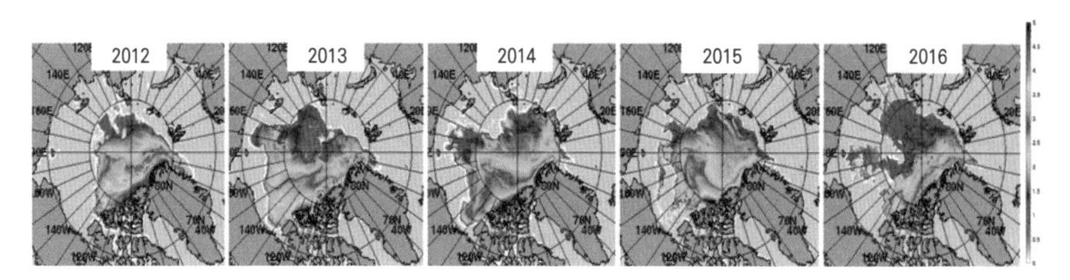

2012년부터 2016년까지 9월 중순 북극해 얼음이 가장 적게 분포했던 위성사진으로 북위 80도 이상은 대부분 얼음으로 덮여있다.

그러나 그 전해 겨울에 얼었던 일년생 해빙이 여름철 태양의 에너지를 견뎌내고 새롭게 시작된 겨울에 지속적으로 일년생 해빙 아래에서 결빙되면 2년생 얼음이 된다. 이렇게 몇 년을 반복해서 결빙된 얼음은 다년빙으로 변하면서 얼음 속에 있는 소금기가 모두 빠져나와 매우 단단한 옥색의 얼음으로 변모한다. 북극 탐사 때 이런 다년빙을 만나면 아라온호도 쉽게 깨기가 어려워 쇄빙을 하는 동안 얼음이 선수에 부딪치면서 카랑카랑 쇳소리가 나는 것을 쉽게 들을 수 있다. 지난 20여 년 동안 쇄빙선을 타고 탐사를 하면서 다양한 종류와 나이의 얼음을 만났다. 북극해 주변 해역에는 일년생 얼음이 많이 분포하는 반면 북위 80도 이상의 중앙결빙해역은 두꺼운 다년생 얼음으로 가득 덮여 있었다.

북극점에 휘날린 태극기

북극해 중앙결빙해역은 대륙 주변 해역과 달리 일 년의 대부분이 두꺼운 얼음으로 덮여 있어 접근이 매우 어려운 곳이다. 1991년 9월 7일 독일 알프레드 베게너 극지·해양연구소(Alfred-Wegener-Institut, AWI)의 18,000톤급 쇄빙선 폴라스턴호(Polarstern)가 스웨덴의 25,000톤급 전용 쇄빙선인 오덴호(Oden)와 함께 처음으로 북극점에 도달했다. 당시에는 북극해 중앙해역이 지금보다 두껍고 단단한 다년빙으로 덮여 있었기 때문에 아라온호보다 더 크고 쇄빙능력이 강력한 쇄빙선 두 대가 힘을 합쳐야 북극점에 도달할 수 있었다. 이때도 쇄빙 성능이 더 우수한 오덴호가 얼음을 깨면서 앞서가고 폴라스턴호가 그 뒤를 따라 가면서 북극점에 도달했다.

물론 과거 냉전시대에도 미국이나 구소련에서 핵잠수함이나 핵추진 쇄빙선 또는 비행선을 이용하여 북극점에 도달한 적은 있었다. 그러나 디젤연료를

2014년 8월 26일 '폴라스턴'에 승선하여 북극점에서 나의 박사과정 지도교수인 독일 AWI의 슈타인 교수와 함께 태극기를 펼쳐들고 기념촬영을 하였다.

사용하는 쇄빙선으로 과학연구를 위해 북극점에 도달한 것은 이때가 처음이었다. 당시 폴라스턴호와 오덴호에 승선했던 과학자와 승조원은 현장관측을 하기 전에 모두 북극점의 얼음 위에 내려 역사적인 순간을 기록하고 기념하는 파티를 열었다. 또한 독일과 스웨덴 팀으로 나눠 인류 역사상 처음으로 북극점 얼음 위에서 축구 시합을 하기도 했다. 10년 후인 2001년 폴라스턴호는 미국의 가장 크고 기술적으로 새로운 탐사장비시스템을 갖춘 미국의 해양경비대 소속 힐리호(Healy)와 함께 북극점에 다시 도달하였다. 2001년에 이어 2015년 9월 7일에 두 쇄빙선은 다시 북극점에서 만나 서로를 방문하였다.

2014년 8월 26일에는 나도 폴라스턴호에 승선하여 북극점에 처음으로 도착하여 태극기를 휘날리는 영광스런 순간을 맛보았다. 1993년 8월 폴라스턴호에 승선하여 북위 80도의 북부 그린란드 대륙붕 해역을 한국인으로 처음 탐사를 시작한 이래 24년 동안 독일과 우리나라 쇄빙선에 승선하여 열 번째 도전한 북극 탐사 끝에 드디어 처음으로 북극점에 도달하여 감격스런 마음으로 태극기를 휘날렸다.

중앙결빙해역

그러면 왜 이렇게 북극점에 도달하려고 많은 나라들이 쇄빙선을 이끌고 지구의 북쪽 끝인 중앙결빙해역으로 향하는 것일까? 사실 북극점 주변 해역은 다른 북극해지역에 비해 그동안 과학적 관심을 많이 받지 못했다. 그 이유는 간단하다. 북극점 해역은 기후변화에 의한 해빙이나 해류 등의 물리적인 환경 변화가 다른 해역보다 매우 적게 일어나기 때문이다.

그리고 북극점 주변의 중앙해역은 연중 두꺼운 해빙이 덮여 있어 광합성 작용이 거의 일어나지 않는다. 또한 해빙의 변화가 녹고 있는 주변 해역에 비해 상대적으로 적게 일어나고 육지에서 유입되는 담수나 퇴적물도 거의 도달하지 못하여 해저에도 매우 적은 양의 퇴적물이 쌓인다. 따라서 육상으로부터 퇴적물 공급이 많고 해빙이 결빙되었다 녹게 되는 대륙붕 해저에는 많은 퇴적물이 쌓이는 반면 얼음으로 덮인 중앙결빙해역은 퇴적물이 매우 적게 쌓인다. 실제로 베링 해협을 통해 북태평양수괴와 함께 많은 영양염류가 유입되는 북부 알래스카 대륙붕 해역에는 천년동안 수 미터 두께로 퇴적물이 쌓여 있는 반면 북극해 중앙해역에서 시추된 해저퇴적물의 기록에는 천년동안 수 밀리미터 또는 최대 수 센티미터만 쌓이는 것으로 보고되었다. 그만큼 북극해의 주변 대륙에서 유입된 퇴적물이 중앙해역까지 거의 운반되지 않는 것이다.

따라서 퇴적물 공급이 많은 지역에서 시추한 퇴적물은 오랜 역사보다는 짧은 역사를 자세하게 기록하고 있다. 반대로 퇴적물 공급이 적은 해역에서 시추된 퇴적물에는 오랫동안 북극해에서 빙하기와 간빙기에 일어났던 기후환경변화에 대한 역사가 기록되어 있다. 그러므로 상시적으로 오랜 역사의 기후변화 기록을 얻고자 하면 북극해 중앙해역에서 퇴적물 코어를 시추해야 한다.

해저퇴적물에서 찾은 기록들

북극해의 해저에 쌓인 퇴적물에는 북극해가 생성되어 진화를 거듭한 과거 수천만 년의 기록이 차곡차곡 책갈피처럼 쌓여 있다. 물론 해저지진으로 쌓인 층이 파괴되거나 빙하기에 대륙빙하에서 떨어져 나온 두께 1킬로미터 이상의 거대한 빙산이 해저에 닿아 퇴적물을 침식시키면 그 기록이 보존되지 않는다. 또한 해저에 흐르는 강한 해류에 의해 쌓여있던 퇴적물이 뒤섞이거나 침식되

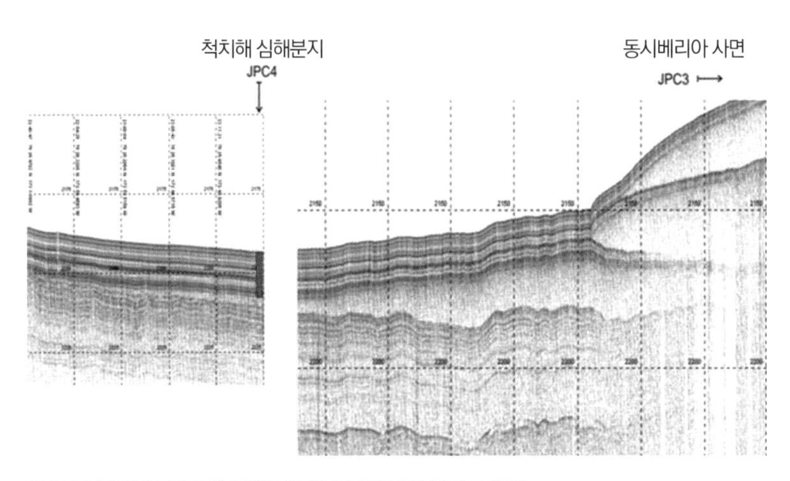

2015 '아라온호' 척치해 심해분지에서 획득한 천부탄성파탐사자료는 지층의 특성과 퇴적물 코어 시추 정점(붉은 기둥)으로 북극해에서 최초로 14미터 퇴적물 코어를 얻었다. 이 시추퇴적물은 약 50만년의 과거 기후변화를 잘 기록하고 있는 것으로 밝혀졌다

어 흩어져 사라져 버리면 과거에 일어났던 정확한 기후환경 현상을 밝히기 어렵다. 그렇지 않고 쌓인 순서 그대로 보존되어 있다면 우리는 해저퇴적물 기록을 통해 북극해의 생성 이후 어떤 기후환경변화가 일어났는지 알 수 있다. 따라서 '아라온호'와 같은 쇄빙연구선을 이용하여 북극 해저에서 시추기를 이용하여 퇴적물을 시추한 후, 여러 가지 분석 장비를 이용하여 과거에 일어났던 기후변화의 증거를 하나하나 찾아낼 수 있는 것이다.

육상퇴적물의 증거나 여러 종류의 플랑크톤 잔해로 남아 있는 미화석이나 지화학적 자료가 하나씩 모여지면, 비로소 과거에 북극해 주변의 대륙에 빙하가 어디에 어떠한 크기로 존재하였는지 복원하여 밝힐 수 있다. 빙하기동안 북극해 주변의 대륙인 그린란드나 캐나다 북극 군도 그리고 유라시아에 존재했던 대륙빙하가 대륙붕까지 확장하였던 일부 빙산으로 떨어져 나온 뒤 해류를 따라 북극해를 떠다니면서 녹게 되면 빙산에 포획되어 있던 육상기원의 크고 작은 자갈이나 모래 크기의 빙하퇴적물이 해저에 쌓인다. 이렇듯 빙하가 확장하거나 후퇴하는 시기에 주로 빙산에 의해 운반되어 쌓인 빙하기원 쇄설성 퇴적물이 해저에 쌓이는 것이다. 반대로 빙하가 내륙으로 후퇴하고 해빙이 많이 녹았던 시기에는 표층에서 살던 식물성이나 동물성플랑크톤 등 해양기원의 유기물이 주로 해저에 쌓인다.

따라서 해저퇴적물에 남은 기록을 통해 우리는 기후가 온난하였던 간빙기에 북극해가 어느 정도로 해빙이 녹았거나 결빙된 환경의 표층수에서 얼마나 많은 생물에 의한 일차생산 활동이 있었는지 알아낼 수 있는 것이다. 이렇게 해저에 쌓여있는 퇴적물에서 현재와 비슷한 기후환경이나 지금보다 더 더웠던 기후의 영향을 받았을 때의 기록은 기후환경변화를 지시하는 다양한 자료를 분석해서 밝혀낼 수 있다. 이렇게 북극해저 퇴적층에 보존된 과거의 기록을 복원하는 연구를 통해 최근 급격하게 일어나고 있는 지구 온난화의 영향을 보다 정확하게 이해할 수 있을 뿐만 아니라 미래에 일어날 수 있는 불확실한 기후변동의 패턴과 그 영향을 보다 정확하게 예측할 수 있다.

베일을 벗은 북극의 진화

북극해가 전 지구적인 기후변화 진화의 관점에서 매우 중요함에도 불구하고 중생대 후기부터 제3기 이후 단기 및 장기적인 기후환경변화 기록에 대해 다른 대양에 비교하여 가장 적게 알려진 곳이다. 실제로 북극해에서 시추된 퇴

해저퇴적물에서 나온 유공충. 과거 환경을 알려주는 지표생물이다. (© H. Asahi)

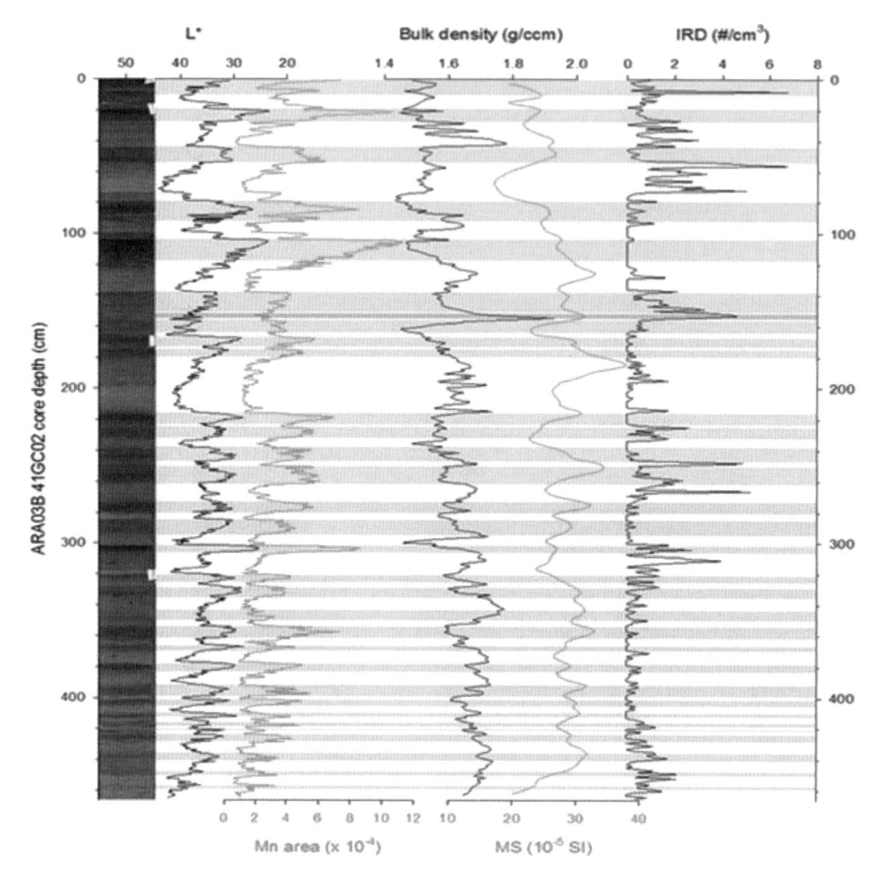

2012년 '아라온호' 서북극해 탐사기간 중 북극 중앙해역 마카로프 심해분지 수심 2,710미터에서 획득한 퇴적물 코어는 약 1백만 년 동안 일어난 빙하기-간빙기 기후변화가 기록되어 있다. 진한 갈색의 퇴적층은 비교적 온난한 시기에 퇴적되었다.

적물 코어에서 얻은 기후환경변화 기록에 관한 자료는 매우 제한적이기 때문에 연속적인 기록 또한 거의 없는 실정이다. 초기 북극해 형성 이후 북극해에서 일어났던 기후환경변화 기록은 대부분 대륙붕 주변부에서 석유시추를 통해 얻은 정보나 북극해 주변의 아북극해에서 시추된 해저지각시추사업(DSDP, ODP)을 통해 획득하였다. 그러나 북극해 중앙해역에서 캐나다 연구팀이 1980

년대 초기에 해빙 위에서 얻은 시추퇴적물로 길이가 수십 센티미터 이하의 짧은 코어 네 점이 전부였다. 이렇게 북극해 중앙해역에서 퇴적물 코어를 시추하기 어려웠던 이유는 두꺼운 해빙으로 덮여 있는 중앙결빙해역을 탐사할 수 있는 강력한 쇄빙 능력을 가진 쇄빙선의 투입이 거의 불가능하였을 뿐만 아니라 다년빙으로 덮인 결빙해역에서 수백 미터 이상의 퇴적물 코어 시추에 필요한 시추선 확보의 어려움 및 지원 시스템 등 기술적인 문제가 해결되지 않았기 때문이다.

2004년 유럽연합의 국제공동해저시추프로그램(ECORD)에서는 러시아 동시베리아에서 그린란드 북부까지 북극점을 가로지르는 로모노소프 해령에서 후기 중생대 이후 북극해의 진화 역사를 밝히기 위해 시추를 추진하였다. 그 당시 북극해 중앙해역은 연중 두껍고 단단한 다년빙으로 덮여 있었기 때문에 북극점 가까이 있는 시추지점에 도달하기 위해서는 선두에서 다년빙을 깨면서 나갈 수 있는 강력한 쇄빙능력을 갖춘 핵추진 쇄빙선이 우선 필요하였다. 또한 시추선이 시추를 하는 동안 거대한 유빙으로부터 시추선을 보호하는 동시에 시추된 퇴적물을 4도의 저온에 보관하고 현장에서 시추퇴적물의 나이를 밝히기 위한 기본적인 층서 자료 획득에 필요한 실험실이 갖춰진 두 번째 쇄빙선이 필요하였다. 마지막으로 혹한의 북극점 해역에서 시추를 담당할 전용시추선이 확보되어야 했다. 이를 위해 북극점을 향해 3대의 함대가 선단을 이루어 역사적인 항해를 노르웨이 최북단에 위치한 트롬쇠에서 시작하였다.

시추의 목적은 로모노소프 해령에서 최초로 중생대 이후 북극해의 진화 역사를 밝히기 위해 약 400미터 이상의 퇴적물을 시추하는데 있었다. 특히 심부시추를 통해 공룡이 멸종한 중생대가 끝나고 약 6,500만 년 전 이후 북극해의 기후환경변화 기록을 획득하여 대륙의 빙하와 북극해 해빙이 언제부터 형성되었

2004년 유럽연합의 국제공동해저시추프로그램(ECORD)에서 최초로 북극점 해역의 로모노소프 해령을 시추하여 제 3기 이후 북극해 진화와 기후환경변화 기록을 획득하였다. 북극해에서 역사적인 시추를 추진하기 위해 '소베츠키 소유즈'(오른쪽)와 스웨덴 쇄빙선 '오덴'(가운데)의 보호를 받으며 '비다르 바이킹'(왼쪽)이 시추를 추진하였다.

는지 알고자 했다. 그리고 북대서양과 북극해가 연결된 프람 해협이 언제 열려서 두 대양 사이에 바닷물이 서로 교환되기 시작하는지를 밝히고자 하였다. 특히 두 대양이 연결되어 해양순환시스템이 새롭게 형성되면서 언제부터 지금과 같이 전 대양이 컨베이어벨트처럼 순환하는 열염분 심층순환시스템이 가동되기 시작하여 전 지구적인 기후변화에 영향을 미치기 시작했는지 밝히고자 하였다. 이렇듯 북극해의 심부시추를 통해 그동안 풀리지 않는 숙제로 남아 있던 과학적 의문을 해결할 수 있는 기회가 되었다. 약 3주 동안의 시추가 진행되면서 약 437 미터 길이의 시추코어퇴적물은 북극해에서 처음으로 시추에 참여하였던 과학자들에게 수천만 년 동안 깊이 감춰 놓았던 북극해 생성 이후 진화를 거치면서 일어났던 기후환경변화에 대한 비밀을 간직한 속살을 보여주었다.

로모노소프 해령 심부시추를 통해 전기/중기 에오세의 북극해 표층수온이 약 20~25도 이상이었던 사실이 처음으로 밝혀졌다. 기존에 생각했던 것보다 적도와 극지방 사이의 수온 차이가 지금보다 크지 않았다는 사실은 고기후와 지질학을 연구하는 과학계에 커다란 놀라움을 안겨 주었다. 또한 담수식물이 번성했다는 사실을 알려주는 화석을 통해 에오세(약 4,900백만 년 전) 때 북극해는 담수가 담긴 지구상에서 가장 거대한 호수 중 하나였던 사실도 밝혀졌다. 이렇게 번성했던 담수식물이 당시 지구의 영양염이나 탄소 순환을 조절했을

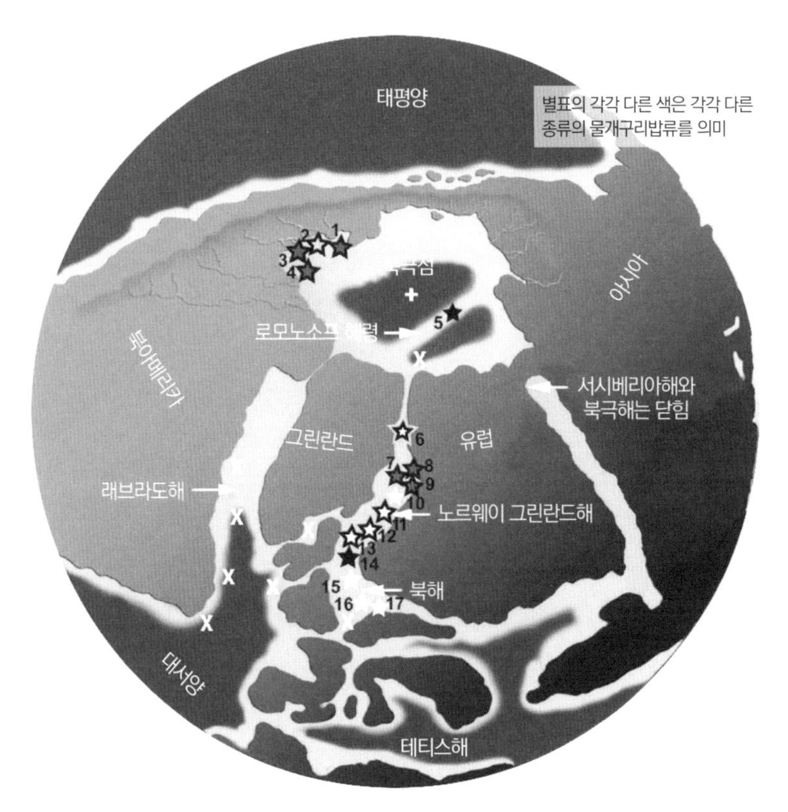

담수식물인 물개구리밥 종류의 지리적 분포를 통해 재구성한 4900백만 년 전인 초기 에오세 때의 북극해와 노르웨이 해역. 북극해는 대양과 격리된 거대한 호수였다. (출처: Barke et al., 2012)

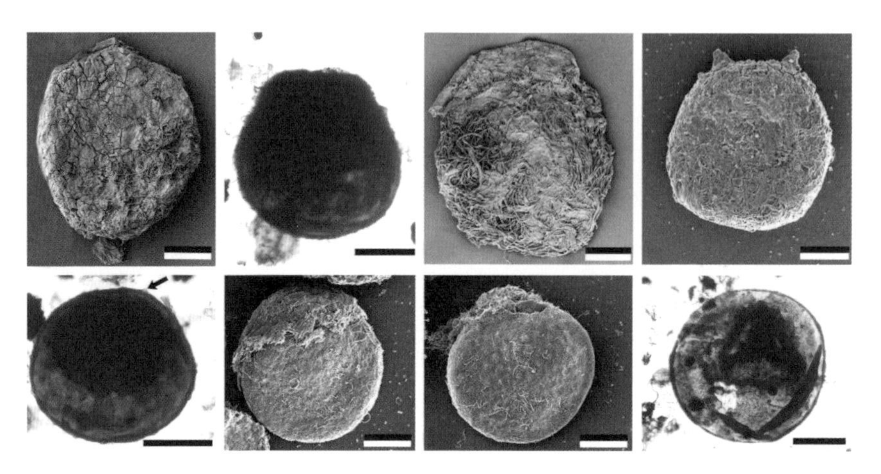

약 4,900백만년 전인 에오세 때 퇴적물에서 발견된 담수식물화석인 물개구리밥류(*Azolla*)의 포자낭 화석. 이 담수식물 화석을 통해 북극해가 거대한 호수 환경이었던 것이 최초로 밝혀졌다. (출처: Judith Barke et al., 2012)

가능성도 제기되었다.

또 하나의 획기적인 사실은 약 4,600~4,700백만 전에 겨울철에 북극해 해빙이 존재했을 가능성이 있다는 증거가 발견되었으며, 이를 통해 매우 오래 전부터 온실하우스에서 얼음하우스로 변화된 지구의 양극시스템이 지각운동에 의한 영향보다 온실기체의 변화에 의해 전 지구적인 규모로 냉각을 조절했던 사실이 밝혀졌다. 그러나 로모노소프 해령의 심부시추를 통해 북극해의 진화를 통한 기후환경변화의 새로운 사실이 밝혀졌음에도 불구하고 중생대부터 제3기 동안 북극해가 지금의 모습처럼 진화하면서 장기적이고 단기적인 기후변화의 많은 의문들이 여전히 밝혀지지 않고 북극해저 퇴적물 속에 여전히 묻혀 있다. 가장 큰 이유는 후기 중생대 이후 연속적으로 쌓인 퇴적물이 여전히 시추되지 못했기 때문이다. 특히 중기 제3기의 주요 기후변화 부분의 기록이 담긴 퇴적물은 전혀 획득되지 못하였다. 즉 4,400백만 년 전부터 1,800백만 년까지 시추된 퇴적물이 없어서 이 시기는 북극해 진화의 역사 퍼즐을 맞추지 못한

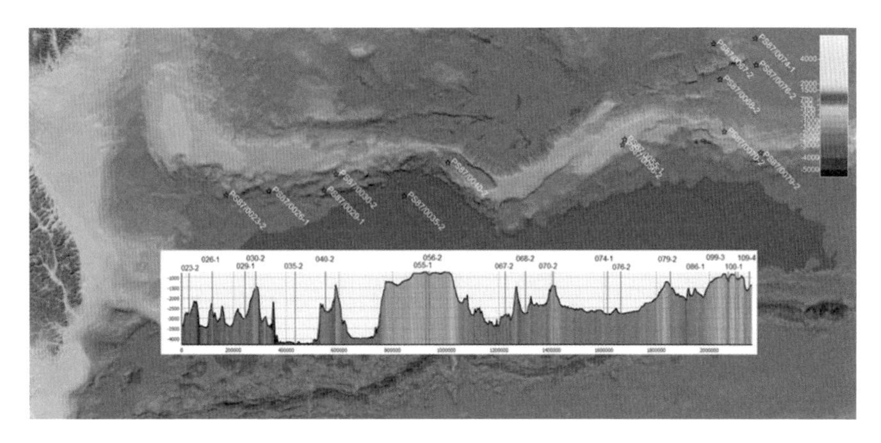

로모노소 프해령에서 획득한 시추코어퇴적물에서 지난 7,000만 년 전 이후 북극해 진화와 기후변화에 대한 기록을 복원하였다. 그러나 연속적인 역사가 기록된 퇴적물이 획득되지 않은 결과 약 2,600백만 년의 북극 역사가 결층(hiatus)으로 남아 있다. 즉 여전히 풀리지 않는 의문으로 남아 있는 것이다. 따라서 전 세계 북극 탐사연구 전문가들은 로모노소프 해령의 다른 지역이나 알파-멘델레예프 해령에서 보다 완전한 북극해 진화 역사 기록을 찾기 위해 시추를 추진하고 있다.

공백으로 남아 있는 셈이다.

드디어 2018년 8월부터 약 2개월간 러시아 랍테프해에 인접한 로모노소프 해령의 북위 81도에서 다시 한 번 1.2킬로미터 길이의 시추가 국제공동해저지각시추프로그램(IODP)에서 추진될 예정이다. 심부시추를 통해 2004년에는 얻지 못했던 북극해 진화 역사를 밝힐 수 있는 연속적인 퇴적물 코어를 획득하려고 한다. 이를 통해 전기 신생대의 온실하우스에서 후기 신생대의 얼음하우스로 변한 전 지구적인 기후변화가 북극해에서도 있었는지 밝히려고 한다. 또한 플라이오세와 플라이스토세 동안 커다란 빙하작용이 언제 반복적으로 일어났는지 그 시기를 밝히고 2004년에 시추된 코어에서 발견된 주요 결층[01]의 원

---

01 결층(缺層, hiatus): 일정기간 동안 지층이 사라져서 없어진 지층. 일반적으로 결층이 생긴 시기에 지각의 융기가 일어나서 퇴적이 없었던 것으로 본다.

인은 무엇이며 로모노소프 남부해령에서 새롭게 시추되는 퇴적물에도 결층의 증거가 있는지를 밝히고자 한다.

2019년 여름 북극해에서 이루어질 두 번째 역사적인 시추를 추진하고 있는 책임자는 나와 함께 1991년부터 북극해 연구를 시작하였던 나의 박사과정 지도교수인 뤼디거 슈타인 교수이다. 2014년에는 '폴라스턴호' 북극점 탐사 당시 수석연구원이었다. 그때 우리는 북극점에서 함께 태극기를 들고 기념사진 촬영을 하였다. 나는 슈타인 교수와 함께 2004년과 2008년에도 '폴라스턴호'를 이용한 북극 탐사를 하였다. 사실 2014년 북극점 중앙해역 탐사의 주요 목적 중 하나는 2019년 수행 될 로모노소프 해령에서 시추정점 해역을 탐사하여 시추목적을 충족시킬 수 있는 최적의 정점을 선정하는 것이었다. 2014년 '폴라스턴호'에 승선하였던 우리는 그린란드 북부에 인접한 로모노소프 해령 부근에서 본격적으로 탐사를 시작한 이후 북극점을 지나 러시아 쪽으로 탐사를 진행하면서 해저지층의 특성을 알아보기 위해 탄성파 탐사와 함께 해저의 퇴적물 코어를 시추하였다. 무엇보다 그 당시 우리를 기쁘게 한 사건이 일어났다. 해령의 해저에 퇴적되어 있던 상부의 퇴적층 수백 미터가 거대한 빙하가 해저에 닿아 침식되면서 수백만 년 전의 지층이 노출된 층을 발견한 것이다.

실제로 그동안 북극해에서 시추된 해저퇴적물은 기껏해야 수십만 년의 기후변화 기록을 간직하고 있기 때문에 일부 자료만 얻을 수 있다는 한계가 있었다. 해빙으로 두껍게 덮인 북극해 중앙해역 탐사 중에 이렇게 우연히 수백만 년 전의 기록이 담긴 퇴적층을 발견하거나 획득하는 것은 로또에 당첨될 정도의 매우 낮은 확률이다. 해저지형 탐사 책임자였던 프랑크 니쎈 박사와 빌프리드 요카트 박사 그리고 탐사 책임자인 뤼디거 슈타인 교수 등 우리 탐사팀은 해저지형 자료가 전송되는 컴퓨터 모니터 앞에서 흥분에 들떠 시추정점을 선

독일 쇄빙선 폴라스턴호에서 자이언트 상자코어러를 이용하여 해저퇴적물을 시추하고 있다.

정하면서 1박 2일의 시추작업을 추진하기로 결정하였다. 주로 젊은 박사과정 학생들이 갑판에서 시추를 맡고 슈타인 교수는 모든 작업을 밤을 꼬박 새우며 진두지휘를 했다. 시추작업은 매우 성공적이었다. 드디어 수심 1,000미터 아래 숨겨져 있던 수백만 년 된 퇴적물이 속살을 보여주었다. 우리가 주로 획득했던 수십만 년 된 퇴적물과는 색깔과 특성이 다른 것을 한 눈에도 알 수 있었다.

사우디아라비아 대학의 교수로 있는 마이클 교수는 퇴적물 코어 최하부의 일부를 떼어내 체질을 한 후 모래질(63마이크로미터 이상의 크기)을 모아 말려 현미경으로 저서성 유공충을 찾기 시작했다. 드디어 우리가 획득한 퇴적물에서 약 5백만 년 전 마이오세 후기에 살았던 생물의 흔적을 찾아냈다. 북극해 로모노소프 해령에서 수백만 년 전에 묻혔던 고기퇴적층을 손쉽게 획득한 것이다. 일반적으로 수백 미터를 시추해야 겨우 얻을 수 있는 후기 마이오세 층을 운 좋게 획득한 것이다. 이를 통해 2018년 로모노소프 해령에서 시추에 필요한 마이오세 층을 확인하여 보다 확실한 시추정점을 선정할 수 있는 기회를 얻게 되었다. 2016년 4월 슈타인 교수 등은 「네이처 커뮤니케이션(Nature communication)」에 시추코어의 연구결과를 발표하여 후기 마이오세 때는 중앙해역의 여름철 수온이 4도 이상이었으며 최소한 계절적으로 얼음이 덮여 있지 않았다고 발표하였다. 이를 통해서 우리는 2019년에 로모노소프 남부 해령에서 과거의 북극해 진화과정이 기록된 퇴적층의 시추로 여전히 수수께끼로 남아 있는 수천만 년에 걸쳐 일어난 북극해 진화와 기후변화 비밀을 풀 수 있을 것으로 기대하고 있다.

중앙결빙해역을 너머 북극점 탐사를 꿈꾸며

2015년 8월 15일 아라온호는 북위 82도19분22초에 위치한, 멘델레예프 해령 부근에 있는 수심 2,710미터 깊이의 마카로프 분지에 도달했다. 우리가 당시 북극점에서 그리 멀지않은 해역까지 항해한 까닭은 두꺼운 해빙을 찾아 그 위에서 안전하게 하선하여 해빙의 두께나 강도를 측정한 후, 아라온호의 쇄빙능력을 시험하기 위해서였다. 당시 서북극해는 얼음이 대부분 녹아 유빙 조각으로 떠다녔기 때문에 아라온호는 빠르고 거침없이 정점을 옮겨 다니며 계획된 작업을 성공적으로 수행할 수 있었다. 그러다 보니 정작 해빙에 관한 연구를 위해 승선한 연구원들은 적정한 두께의 해빙을 찾지 못해 안절부절 못하다가 결국, 예정하지 않았던 북위 82도까지 얼음을 찾아 나선 것이었다. 2012년 여름에 급격히 감소한 해빙 상태를 감안하면 앞으로 우리는 지금보다 조금 더 북쪽으로 북극점에 가까운 해역까지 아라온호를 끌고 탐사를 할 가능성이 열려 있다. 그러나 북극점 주변의 결빙해역은 쇄빙선 한 대로는 쉽게 접근할 수 없다. 중국도 2012년과 2014년 두 번에 걸쳐 북극점에 도달하려고 시도하였으나 결국 두꺼운 다년빙에 막혀 성공하지 못했다. 북극점에 도달하는 것만이 목표는 아니지만, 언젠가 우리의 아라온호를 이끌고 당당히 결빙해역을 뚫고 북극점에서 태극기를 날려볼 날을 기대한다.

◈ 바렌츠해에서 보는 우리나라의 겨울

김성중, 김백민

지구 온난화와 북극해

북극은 많은 부분이 바다로 구성되고, 바다는 가을철 기온의 하강과 함께 얼기 시작하여 늦겨울인 3월 초에 가장 넓은 규모로 얼었다가, 태양으로부터 유입되는 에너지가 늘어나는 봄부터 녹기 시작하여 8월 말 9월 초에 가장 작은 해빙의 분포를 보인다. 1979년부터 마이크로파 센서를 탑재한 인공위성을 이용해 북극의 해빙 면적변화를 지속적으로 관측하고 있는데, 1990년대까지만 해도 북반구 겨울(3월 초)에는 해빙의 면적이 약 1,500만 제곱킬로미터까지 확장하다가 여름(9월 초)에는 700만 제곱킬로미터까지 감소하는 계절변화를 보였다. 하지만 2000년 이후부터 해빙의 분포가 급격히 줄기 시작하여 2012년 9월 초에는 350만 제곱킬로미터 이하로 북극 해빙의 면적인 줄어든 바 있다.

북극 해빙의 면적은 대기와 해양의 온도변화와 해빙을 북극해에서 외부로 배출하는 바람과 해류의 세기에 따라서 좌우된다. 9월에 북극 해빙의 면적이 가장 많이 줄어드는 이유는 태양에너지는 7월에 가장 많은 양이 해면에 도달하지만 해양의 표층수가 가열되는데 약 한 달이 소요되어 해양의 표층수의 온도는 8월에 가장 많이 올라가고, 이와 같이 따뜻해진 해수 표층수온에 의해 8월 말에서 9월 초순 쯤 되어야 해빙이 가장 작은 값을 보이게 된다. 북극 해빙의 면적은 10년에 약 3.5%씩 급격히 사라지고 있다. 그런데 이 얼음이 가장 많

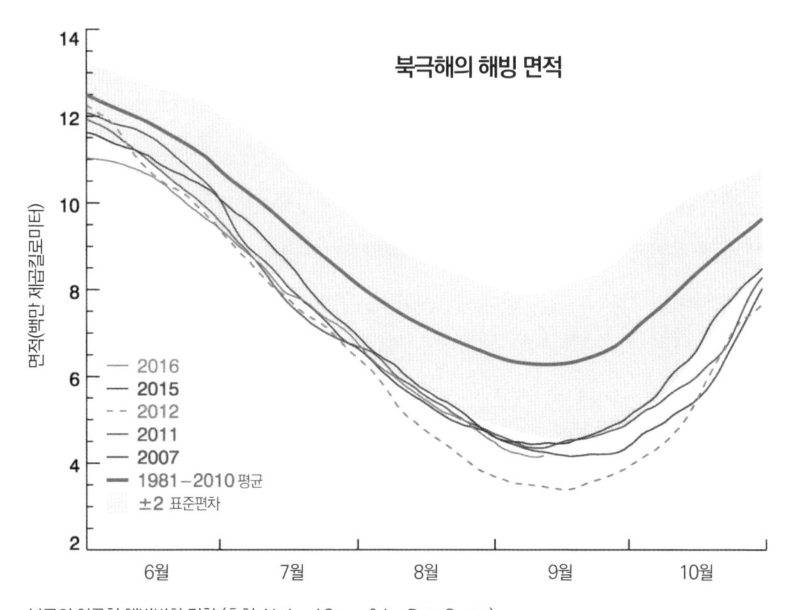

북극의 여름철 해빙변화 경향 (출처: National Snow & Ice Data Center)

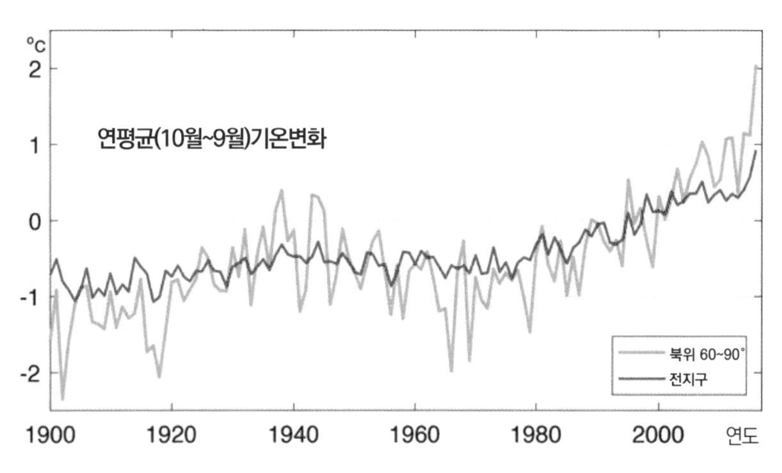

전 지구 육상 평균기온변화 경향 (붉은색) 대비 북극의 평균기온변화 경향 (파란색)
(출처: Arctic Report Card, 2016)

이 녹아서 사라졌을 때의 면적(북극 해빙 최소 면적)이 점점 줄어들고 있다.

북극의 얼음이 점점 더 많이 녹는 것은 북극의 기온이 높아지기 때문이다. 지난 2013년 유엔에 제출된 제5차 기후변화에 관한 정부 간 패널(IPCC) 보고서에 의하면 지난 100여 년 동안 전 지구 평균기온은 약 0.85도 상승했다. 그런데 북극은 평균기온이 3도나 올라갔다. 지구 평균보다 3배 이상 올라간 것이다. 북극이 다른 지역에 비해 온난화가 더 크게 나타나는 현상을 '북극 온난화 증폭'이라 하는데, 이와 같은 현상은 현재 뿐 아니라 과거의 기후변화 기록에도 잘 나타나 있다.

원인은 앞서 언급했던 얼음 반사 피드백 때문인데, 해빙이 녹아 해수로 바뀐 자리에서는 태양에너지를 더 많이 흡수하게 되어 이 지역의 기온은 더 빨리 올라가게 된다. 한마디로 온난화로 인해 해빙이 녹고 해빙이 녹아서 온난화가 더 진행된다. 해빙 면적이 줄어드는 속도가 빨라지고 있어 과학자들은 2050년이 오기 전에 북극해를 덮고 있는 얼음이 여름철에는 완전히 사라져 버릴 것으로 보고 있다. 더 우려가 되는 것은 현재 과학자들이 북극 탐사나 인공위성 자료를 통해 관측한 북극 해빙 면적 감소 속도가 과학적 근거를 바탕으로 한 컴퓨터 시뮬레이션 결과보다도 훨씬 빠르게 진행되고 있다는 점이다. 아직까지는 현대 과학이 해빙이 실제 줄어드는 속도를 제대로 파악하지 못하고 있는 것이다.

우리 과학자들은 북극해의 얼음이 여름철에 많이 녹으면 계절이 바뀌는 가을과 초겨울 북극해 대기 온도가 평년보다 높아지는 것에 주목하고 있다. 북극의 기온이 급격히 떨어지는 가을부터 북극 해빙은 다시 얼어붙기 시작하는데, 여름에 해빙 면적이 줄면 얼어붙는 속도가 눈에 띄게 떨어져서 가을과 겨울 해빙이 있어야 할 여러 지역이 여전히 열려 있게 된다. 이렇게 얼음 대신 바닷물이 있게 되면, 바다로부터 많은 양의 열과 수증기가 차가운 대기로 유입된다.

이렇게 열과 수증기가 대기로 들어오면 이 지역의 기온이 높아진다. 특히 2000년대에 들어오면서 북극의 해빙 면적은 급격히 감소하고, 초겨울 고온 현상이 매년 반복해서 나타나고 있다.

그런데 북극의 초겨울이 이렇게 따뜻해지고 있는데 반해 중위도, 특히 우리나라를 포함한 유라시아지역은 최근 10년 간 과거에 비해 한파가 더 자주 나타났고 한파의 강도도 더 컸다. 이런 겨울 한파 때문에 종종 지구 온난화가 사실이 아니라는 오해를 받기도 하는데, 지구 전체의 평균온도가 올라가고 있는 것은 사실이다. 지난 2009/2010년에는 동아시아 뿐 아니라 북미와 유럽에 겨울 한파와 폭설이 겹쳐 많은 사회 경제적 손실을 끼쳤다. 2014/2015년 겨울에는 북미에 유례를 찾아볼 수 없을 정도의 한파가 불어 닥쳤고, 2016년 1월에도 유라시아에 한파가 발생하여 우리나라 특히, 제주도에서 폭설로 항공기의 결항이 발생하여 동남아시아의 여행객들에게 예기치 않은 불편을 끼친 바 있다. 한파와 폭설이 강타하면 생활이 불편할 뿐만 아니라 경제에도 영향을 주기 때문에, 과학자들은 최근 겨울철 북반구에서 자주 나타나는 한파의 원인을 파악하고 싶어 한다.

그렇다면 최근 겨울 중위도에 자주 나타나는 한파의 원인은 무엇일까? 과학자들이 다양한 방법으로 연구를 한 결과 북극해 해빙이 급격히 사라지는 것이 우리나라를 비롯한 중위도지역의 겨울 한파와 연관이 있다는 것을 알게 되었다. 또한 북극해뿐만 아니라 북극의 육지도 영향을 주어서, 가을철 고위도지역에 눈이 얼마나 왔는지도 중위도지역의 겨울 한파와 관련이 있다. 과학자들이 주목하는 공통점은 해빙과 적설과 같은 고위도지역의 빙권 요소가 단순한 기후변화의 지시자(indicator)가 아니라 때때로 극한 기후(extreme weather)를 만들어 내는 기후변화의 중요 원인이라는 점이다.

북극의 빙권 요소가 중위도의 겨울철 날씨를 만들어낸다. 북극 빙권이 변하면 한대제트기류(polar frontal jet)도 변하는데, 이 한대제트기류가 중위도와 고위도 사이에서 매일 매일의 날씨 패턴을 만들어 낸다. 그러나 모든 학자들이 여기에 동의하는 것은 아니다. 일부 학자들은 중위도 한파와 한랭화 경향이 북극의 온난화와는 무관하다고 주장하고 있어서, 이에 대한 논쟁이 아직도 뜨겁게 진행 중이다. 우리는 북극, 특히 카라-바렌츠해의 얼음 면적이 줄어들면서 대기 순환을 변화시켜 우리나라 겨울철 한파에 영향을 준다고 본다. 그렇다면 어떤 과정을 거쳐 카라-바렌츠해의 해빙변화가 한반도의 겨울철 기상을 바꾸는 것일까?

더 빨리 녹는 카라-바렌츠해

북극은 참 넓다. 북극의 육지인 툰드라를 빼고 북극해만 해도 그 면적이 우리 한반도의 60배가 넘는다. 이 넓은 북극 중에서 우리나라에 겨울 한파를 선물하는 곳은 어디일까? 우리는 대서양에 가까운 카라-바렌츠해를 주목하고 있다. 우리가 카라-바렌츠 해에 관심을 갖는 이유는 이 지역이 북극해 중에서도 해빙의 면적이 가장 많이 줄었기 때문이다. 인공위성으로 북극 해빙을 관측한 이후 2016년까지 북극해의 가을(11~12월) 해빙은 북극해 전체에서 약 5%가 감소했는데, 카라-바렌츠해에서는 약 40%의 해빙이 사라졌다. 특히 2000년대 이후에는 그 감소 경향이 더욱 뚜렷하다. 가을철 북극 해빙의 변화 경향에서도 카라-바렌츠해에서 해빙의 감소가 가장 뚜렷하게 나타난다.

우리는 1979년도부터 지금까지 인공위성으로 관측한 북극 해빙 데이터를 자세히 분석하였다. 그 결과 북극, 특히 카라-바렌츠 해빙이 감소한 경우 북극은 기온이 높아지는 반면 중위도는 기온이 더 내려가는 경향을 파악하였다. 가을철 카라-바렌츠해의 해빙이 줄어들면 카라-바렌츠해를 중심으로 한 북극해는 월 평균기온이 평년보다 2도 이상 올라가는데 반해 중위도 유라시아와 북미에서는 약 0.5도 정도 기온이 낮아진다. 우리는 컴퓨터로 북극과 중위도의 기온변화를 시뮬레이션 해 보기도 했다. 미국해양대기청(NOAA)에서 개발한 3차원 대기순환 모형을 이용하여, 북극의 카라-바렌츠해에서 11월의 해빙이 현저히 감소하는 조건에서 중위도 기온이 약간 내려가는 것을 확인하였다. 북극 현장 데이터를 분석해도 연구실에서 시뮬레이션을 해 보아도 카라-바렌츠해의 해빙 감소가 중위도 겨울 한파와 관련이 있었다. 그렇다면 이들 두 지역은 서로 어떻게 연결되어 있는 것일까?

극소용돌이

북극과 우리나라를 이해하려면 먼저 '극소용돌이(polar vortex)'와 '북극진동(Arctic oscillation)'을 알아야 한다. 극소용돌이는 극지역과 중위도를 연결해주는 매개체로서 북극을 중심으로 반시계방향으로 순환하는 거대한 공기의 흐름이다. 극소용돌이는 기본적으로 따뜻한 중위도의 고기압과 차가운 고위도 저기압이 서로 섞이지 못하기 때문에 이 사이에서 만들어지는 거대한 공기의 띠이다. 극소용돌이는 우리의 날씨와 밀접한 관련이 있는 대류권뿐만 아니라 성층권 이상의 대기 전 층에 걸쳐 나타난다. 극소용돌이의 세기와 위치는 끊임없이 변동하는데, 보통 북위 약 60도 부근에서 가장 강한 흐름이 나타난다.

중위도와 극지역의 기압차이가 커서 극소용돌이가 강할 때는 서풍의 제트기류가 북상하며 북반구 환형모드(Northern Annular Mode) 혹은 북극진동이 양(+)의 상태가 된다. 반대로 극소용돌이의 세기가 약해지면 서풍의 제트기류 위치가 적도로 남하하며 북반구 환형모드 혹은 북극진동이 음(-)의 상태가

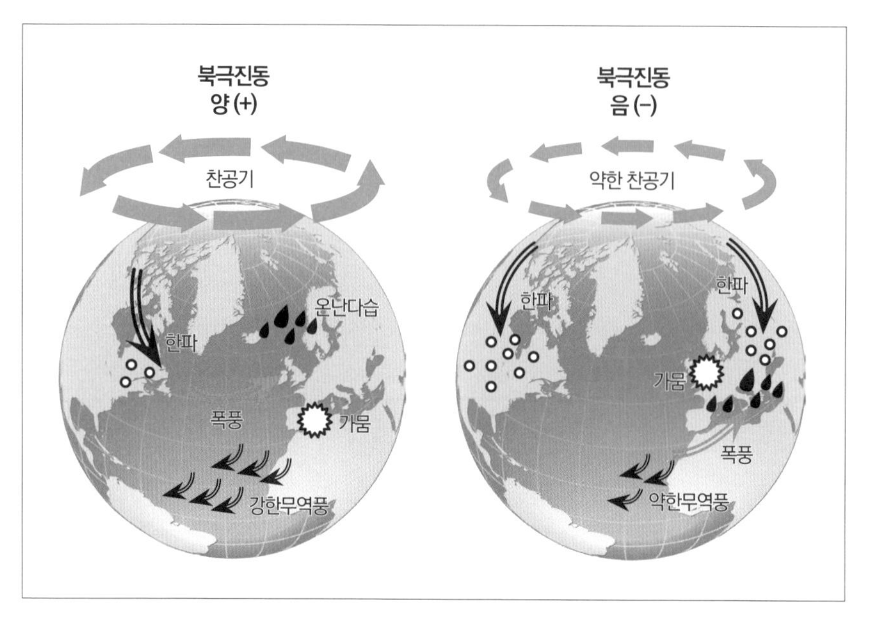

북극진동이 양의 상태(좌)와 음의 상태(우)일 때 북극 극소용돌이의 세기변화(청록색 화살표)와 저층 대기 순환변화(검정색 화살표)

된다. 과학자들은 그동안 연구를 통해 극소용돌이의 세기가 약해질 때 중위도에 한파가 더 자주 나타난다는 것을 밝혔다.

그렇다면 북극의 해빙 감소가 어떻게 극소용돌이를 약화시키고 나아가 유라시아에 한파를 가져오는 걸까? 북극의 해빙, 특히 카라-바렌츠해의 해빙 감소는 몇 가지 기작을 통해 극지역과 중위도를 연결해 주는 극소용돌이를 약하게 만든다.

지난 30여 년간 가을철 해빙의 변화가 가장 크게 나타난 지역이 카라-바렌츠해이다. 카라-바렌츠해는 걸프 해류가 몰고 오는 따뜻한 해류를 끊임없이 공급받아서 해빙이 다른 지역보다 더 많이 녹는다. 가을철에 카라-바렌츠해의 해빙이 덜 얼게 되면, 공기에 직접 노출되는 해수면이 더 넓어진다. 따라서 얼음으로 덮여 있을 때보다 얼음이 녹아서 직접 공기와 만나는 지역에서 열과 수분이 이동하게 된다. 공기와 북극의 대기는 온도가 낮고 매우 건조하기 때문에 많은 양의 열과 수분이 해양에서 대기로 이동한다. 따뜻한 공기가 해양에서 대기로 이동하면 공기의 온도도 높아지게 된다. 기온이 올라가면 극지역의 기압이 높아지는데, 이로 인해 카라-바렌츠해 인근에 만들어진 블로킹(저지고기압, 고기압 정체 현상)은 찬 극지역 공기를 유라시아로 유입시켜, 동유럽에 한파를 일으키기도 한다. 실제로 2012년 겨울에 우리나라는 큰 한파가 없었지만, 러시아, 우크라이나, 폴란드 등 동유럽 국가에는 극심한 한파가 몰아닥쳐 650명의 희생자가 발생하기도 했다. 이는 카라-바렌츠해의 해빙이 감소하면서 우랄산맥 근처에 블로킹이 형성되었고, 이로 인해 북극의 찬 공기가 지속적으로 동유럽에 공급되어 생긴 결과였다.

그렇다면 카라-바렌츠해처럼 멀리 떨어진 지역이 우리나라에는 어떻게 영향을 주는 것일까? 우랄산맥 근처에 발달한 블로킹은 대기상층(고도 약 5,000미터)에서 동남쪽으로 종관 규모(시베리아 고기압 정도)의 파동을 만들 수 있다. 거대한 공기의 파동이 형성되는 것이다. 이런 파동은 기존에 발달해 있는 저층의 시베리아 고기압을 강화시켜 동시베리아의 찬공기를 동아시아로 보낸다. 이로 인해 우리나라를 비롯한 동아시아에 강한 한파가 생기는 것이다.

극지역의 성층권

흔히 날씨는 해양과 지표면 그리고 대류권에 의해 결정된다고 알고 있다. 하지만 열의 흐름은 대류권을 넘어서 더 높은 곳까지 이어지기도 한다. 대기 중의 열은 대류권 위쪽으로 행성파(Planetary Wave, 로스비파로도 알려있으며 지구의 회전에 의해 유지되는 장주기의 파동)를 강하게 만든다. 강화된 행성파는 서풍 제트기류에 파동에너지를 만들고, 이로 인해 북쪽으로 공기가 밀려 올라간다. 북극으로 공기가 밀려 올라가면 중위도에서는 공기가 그만큼 없

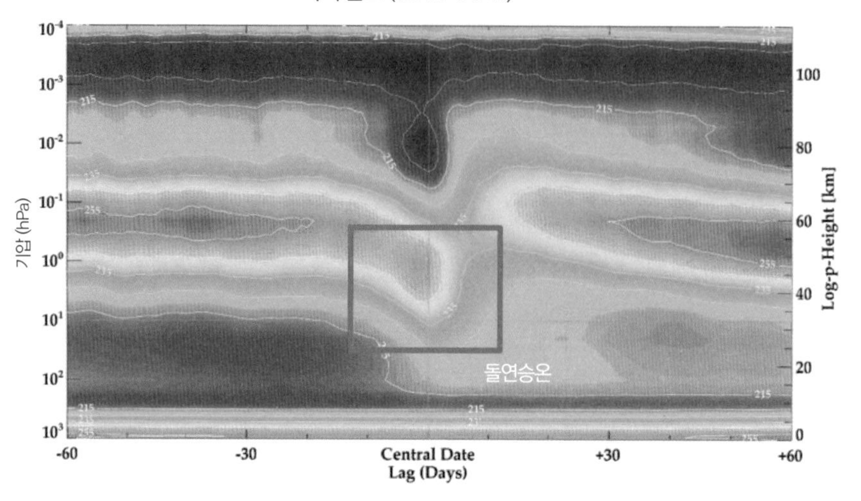

성층권 돌연승온 발생 60일 전부터 60일 후까지 극지역 대기층의 온도변화

어졌기 때문에 질량보존법칙을 따라 성층권에서 대기 입자가 아래로 내려온다. 대기 입자가 아래로 내려오면서 단열 팽창이 일어나 성층권의 온도가 급격히 증가하는데, 이런 급작스러운 온난화를 "성층권 돌연승온"이라 한다. 아래 그림은 성층권 돌연승온이 발생하기 60일 전부터 발생한 후 60일까지의 대기의 온도변화를 보여주는데, 성층권 돌연승온이 발생한 시점을 기준으로 약 1주일 전부터 성층권의 온난화가 나타나는 것을 알 수 있다. 성층권 돌연승온이 발생하면 극지역의 대기 압력이 올라가고 중위도와의 기압경도력이 약화되어서 극소용돌이가 역전되거나 약해진다. 극소용돌이가 약화된다는 것은 극지역 성층권에서 시작된 양(+)의 대기압 아노말리가 표면에 도달하여 음(-)의 북극진동이 되어 중위도에 한파를 유발하기에 좋은 조건이 된다는 의미이다. 또한 약해진 서풍은 제트기류를 적도 쪽으로 남하시켜 시베리아의 찬 공기가 쉽게 남하할 수 있는 좋은 조건을 만들어 중위도에 한파를 유발한다.

실제로 2009년, 2010년에 우리나라는 극심한 한파와 폭설로 수도권 전체가 일주일 이상 마비된 적이 있다. 우리나라뿐 아니라 유라시아와 북미에도 한파

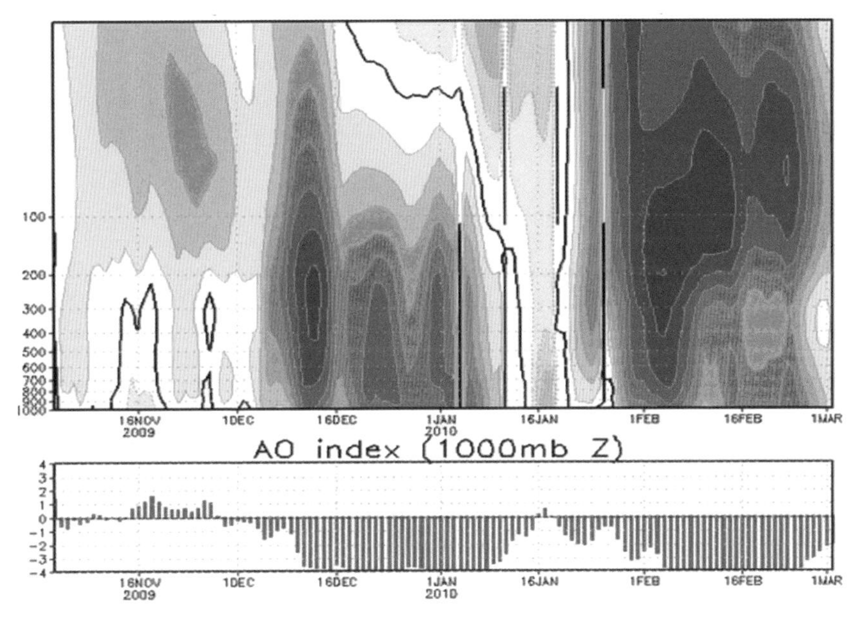

2009/2010년 겨울 유라시아 한파발생시의 극지역 기압 아노말리와 북극
진동 지수 (출처: Climate Prediction Center)

와 폭설이 몰아닥쳐 사회적으로 큰 영향을 끼치기도 하였다. 2009년, 2010년 북극 유라시아에 한파가 닫쳤을 때 북극의 대기 압력의 아노말리(평균 대기압에서 뺀 수치)와 북극진동 지수를 보면, 2009년 11월부터 증가한 성층권 온난화가 12월에 최고조에 달한 것을 알 수 있다. 12월 중순부터 1월 초까지는 성층권의 온난화가 지표면에 영향을 미쳐 매우 약한 음의 북극진동을 만들었고, 2월에 다시 한번 비슷한 성층권 돌연승온 현상이 나타났다. 2009년 겨울 이전까지는 북극진동의 지수가 -4에서 +4까지 범위 내에서 변동하였는데, 2009년, 2010년 겨울철 북반구에 한파가 발생했을 때는 -6까지 떨어질 정도로 북극진동 세기가 약해졌다.

북극 해빙의 면적이 줄어들면 해수면에서 수분이 대기로 이동한다. 이렇게 증가한 수분은 주변 육지에 많은 양의 눈을 내리게 하는데, 눈이 없던 지역에 눈이 내리게 되면 알베도(단파복사 반사율)가 증가하기 때문에 평소보다 온도가 더 낮아진다. 예를 들어, 시베리아에 눈이 많이 내리면 중위도에 한파가 발생하는데, 늘어난 눈이 알베도를 증가시켜서 단파복사 에너지의 흡수율이 줄어들기 때문에, 기존에 발달해 있던 시베리아 고기압이 더욱 더 강해져서 유라시아지역에 한파를 몰고 오는 것이다. 또한 눈이 많이 와서 급속히 추워진 지역과 아직 눈이 오지 않아 상대적으로 온난한 지역 사이에 온도 차이가 생기면서 전선이 형성되어 대기상층으로의 행성파의 활동이 강해진다. 강화된 행성파는 앞에서 설명한 기작에 의해 성층권 돌연승온을 가져오며 중위도에 한파를 유발한다. 하지만 시베리아에서 강설량을 증가시키는 수분은 북극이 아니라 대서양에서 올 수도 있기 때문에 시베리아에 내리는 눈의 기원에 대해서는 앞으로 좀 더 많은 연구가 필요하다.

우리의 겨울

지금까지 우리는 북극, 특히 카라-바렌츠해의 가을철 해빙이 줄어들면 우리나라에 추운 겨울이 올 수 있다는 이야기를 했다. 얼음이 사라지면서 해양에서 대기로 많은 양의 열과 수분이 방출되어 시베리아 고기압이 강해지기도 하고 성층권 돌연승온으로 극소용돌이가 약해져서 제트기류가 남하하여 중위도에 한파가 발생하기도 한다.

그렇다면 앞으로는 우리의 겨울은 어떻게 될까? 장기적인 관점에서 보면 2050년쯤에 여름철 북극 해빙이 모두 녹아 없어질 것이다. 지금처럼 해빙이 녹는 속도가 증가한다면 말이다. 여름철 북극 해빙이 모두 사라지면 여름에 전 지구 온도를 낮추는 역할을 하지 못하기 때문에 매서운 폭염이 나타날 수 있다. 하지만 가을부터는 대기가 냉각되기 때문에 많은 양의 수분과 열이 대기 및 주변지역으로 공급되어 폭설이 몰아닥칠 수 있다. 또한 행성파의 활동을 강화시켜 극소용돌이가 좀 더 지속적으로 약해질 수 있다. 결국, 최근과 같은 한파가 좀 더 자주 좀 더 강하게 올 수 있다는 이야기이다.

여름에 북극 해빙이 사라지면 우리는 지금보다 더 뜨거운 여름과 더 추운 겨울을 맞게 될 것이다. 하지만 우리나라의 겨울 한파는 북극뿐 아니라 시베리아의 고기압 세기에 영향을 미치는 적도 엘리뇨나 계절내 진동 등에 의해서도 영향을 받기 때문에 단순하게 예측하기는 쉽지 않다. 또한 온난화가 지속되고 해빙이 많이 녹게 되면 대기와 해양의 차이가 많이 줄어들어 현재와 같이 극단적인 극소용돌이의 약화는 나타나지 않을 수 있어 정확히 언제까지 이상기온이 지속될지는 예단하기 어렵다.

북극 해빙의 감소가 북극소용돌이를 약화시키는 원인이 된다고 했지만, 아직도 북극의 해빙 감소로부터 중위도 기상변화까지의 연결고리 사이에 명확하지 않은 부분들도 많이 있다. 또한 극소용돌이가 약해졌을 때 지역적으로 한파를 가져오는 패턴을 이해하려면 아직도 좀 더 연구가 필요하다. 우리 과학자들의 심도있는 연구를 통해 북극을 활용한 겨울철 날씨 예측의 정확도는 앞으로도 계속 향상될 것이다.

⌖ 우주에서 바라본 북극

김현철

북극을 내려다보는 인공위성

세계기상기구(WMO, World Meterological Organization) 2016년 실태 보고서에서 기후 체계에 미치는 인간의 영향은 점점 더 명확해진다고 했다. 그리고 이런 영향은 온난화와 관련한 극단적 기상현상과 같은 심각한 날씨에 대한 연구로 점점 더 자세히 증명되고 있다고 했다. 온난화로 인해 세계 여러 지역에서 다양한 이상 기후가 관측되고 있고, 한반도의 경우 극단적인 한파와 가뭄 등, 우리에게 익숙하지 않은 날씨변화가 관측되고 있다. 날씨변화에서 기후변화까지 우리가 관측하고자 하는 극단적인 온난화 현상들은 어떤 특정 지역서만 일어나는 것이 아니기 때문에 지구 규모의 관측이 반드시 필요하다.

온난화에 의한 북극 해빙의 감소는 북극의 수증기량의 증가를 초래하고, 수증기의 증가는 북극을 둘러싸고 있는 제트기류의 흐름과 세기에 영향을 준다, 이러한 영향이 한반도의 극단적인 한파를 일으키는 이유가 된다는 것이 최근 국제적이 연구 논문들을 통해 보고되고 있다. 지구 규모의 현상 관측, 특히 북극권에서 일어나는 해빙 감소에 대한 관측 결과들은 인공위성을 이용한 원격 탐사를 통해서만 얻고 있다.

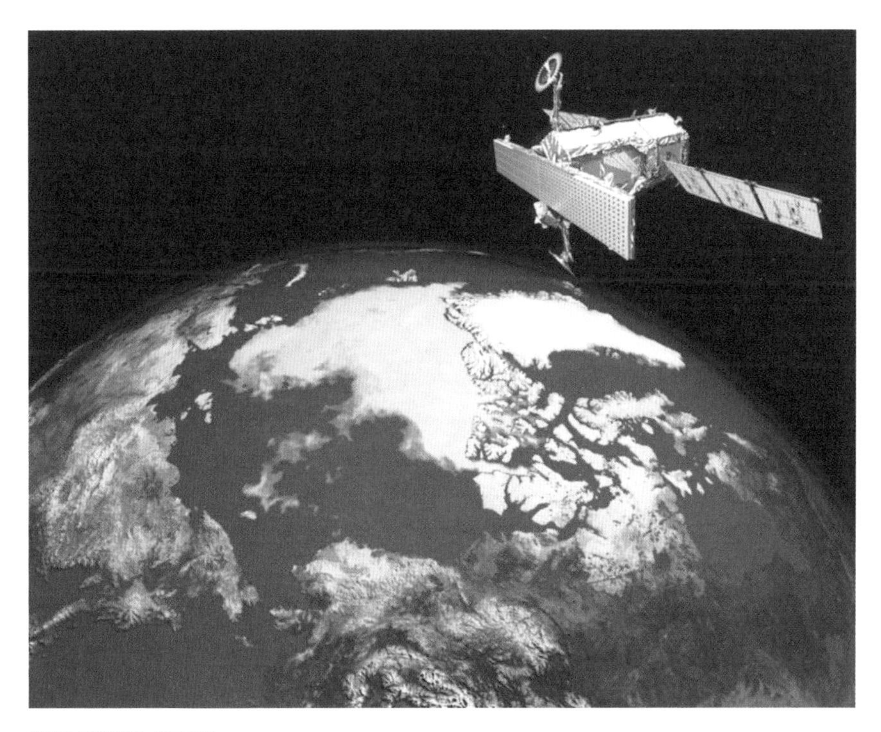

북극을 내려다보는 인공위성

북극은 인간의 과학 활동이 아주 제한적인 곳이다. 북극해의 경우 그 면적이 약 1,260만 제곱킬로미터로 한반도의 약 55배에 이르기 때문에 인공위성을 이용한 관측 외에는 북극해 전체를 관측할 수 있는 기술이 없다. 또한 여름철 일부를 제외하면 두꺼운 해빙으로 덮여 있어 지속적인 현장관측 활동이 불가능하다.

인공위성을 이용한 북극해 해빙 탐사는 1960년 발사된 미국의 Trios-1 위성에 의해 시작되었다. 1961년 기상위성인 Trios-1에 장착된 구름 관측용 TV 카메라에 찍힌 북극 해빙 영상이 일반인들에게 알려진 북극해 해빙의 첫 번째 모습이었다. 이후 미국과 러시아에서 ESSA-2 와 Metereor-1 시리즈를 이용해서 해빙지도를 만들기 위한 영상을 수집하게 된다. 초기 원격 탐사에서는 빛을 이용하는 광학센서를 이용해 북극해 해빙 관측을 시도하였지만, 구름이 많이 형성되는 북극해에서 효과적이지 못했다. 1983년 9월에 발사된 Okean 시리즈로부터 마이크로파를 이용하게 됨으로서 기상에 간섭을 받지 않고 해빙을 관측할 수 있게 된다. Okean은 대양을 뜻하는 러시아어로 해양 관측을 위한 위성이라는 의미를 가지기 위해 붙여진 이름이다. Okean 시리즈는 날씨에 밤낮의 변화에 영향을 받지 않는 마이크로파를 이용하여 북극항로를 이용하는 항해를 지원하기 위해 사용되었다.

북극 해빙 면적의 변화에 대한 시각

북극해 해빙의 변화는 두가지 서로 다른 측면의 현상을 우리에게 가져다 주었다. 첫 번째는 온난화에 의해 해빙 면적이 시간이 갈수록 줄어들어 날씨 및 기후에 영향을 주고 있다는 것이다. 기후변화는 인류가 풀어야 할 가장 큰 숙제로, 세계의 많은 과학자들이 기후변화의 원인을 이해하여 온난화와 같은 이상 기후의 진행을 최대한 늦추거나 멈추기 위한 해답과 인류의 공동 노력을 요구하는 연구 결과를 발표하고 있다. 반면, 북극해 해빙의 감소로 인해 북극해를 활용하여 경재적인 이익을 구상하는 활동과 계획이 생기고 있다. 태평양과 대서양을 이용하는 해상 물류 이동 경로에 비해 북극해를 이용하는 해상경로는 40% 정도의 경비 절감 및 시간 절감 효과를 가져 올 수 있기 때문에 해빙의 면적이 시간과 공간에 따라 변화하는 정보를 정확히 예측할 수 있는 기술을 개발하고자 하고 있다. 해빙의 감소에 의해 파생되는 여러 가지 자연 현상의 변화 및 해빙 감소가 가져다주는 새로운 기회, 이 두 측면 모두가 요구하는 것은 해빙면적의 변화를 정확히 관측하고 예측할 수 있는 기술이다.

북극해 변화의 중요성을 먼저 인식한 국가들은 1970년대부터 인공위성을 이용하여 북극해 해빙의 면적변화를 관측해 오고 있다. 북극 해빙 관련 자료를 가장 많이 보유하고 있는 NSIDC(National Snow and Ice Data Center/미국)의 자료에 따르면, 1978년부터 미국은 국방기상위성인 DMSP(Defense Meteorological Satellite Program) 위성 시리즈를 이용하여 북극해 전역에 대해 공간해상도 25km × 25km를 가지는 해빙 농도 자료를 현재까지 제공하고 있다. 우리가 접하고 있는 대부분의 해빙 자료가 이 자료에 해당 된다. 지구 규모의 해빙 농도 분포를 이용하여 해빙의 면적변화를 추정해 오고 있으며, 이 자료로부터 북극해의 해빙이 온난화에 의해 감소하고 있음을 인지하게 되었다. 기후변화에 대해 고민하는 연구자들은 이 자료로부터 해빙변화를 이해하고, 이 자료에 기초한 해빙예측 모델을 구현하고 있다.

하지만 빠른 온난화 현상과 지역마다 다르게 나타나는 온난화의 경향을 파악하기 위해서는 공간 해상도가 보다 나은 위성 자료가 필요하게 되었다. 또한 해빙감소로 인해 발생하는 북극해 활용 가능성에 기대를 거는 사람들도 마찬가지로 북극항로를 이용하는 배들의 뱃길을 정확히 추정하기 위해 고해상도의 위성자료를 요구하게 되었다. 유럽연합을 포함한 여러 나라에서 고해상도의 위성을 이용한 정밀 해빙정보를 제공하고 있지만, 대부분 상업용이기 때문에 특정 연구자들만 자료에 접근할 수 있는 환경이 만들어졌다.

유럽연합에서는 이러한 문제를 해결하고, 북극해의 변화를 알고자 하는 모든 과학자가 쉽게 접할 수 있는 위성을 개발하여 현재 무상으로 자료를 제공하고 있다. 대표적인 것이 유럽연합에서 추진하는 코페르니프로그램에 포함된 센티넬 위성 시리즈들이다. 기후변화에 대한 연구는 이제 공공의 관심이 되었기 때문에 위성자료를 무상 배포하여 기후변화에 대한 이해 및 대처에 관심이 있는 모든 사람이 자료를 사용하여 해결안을 도출할 수 있도록 하고 있다. 이 덕분에 위성을 활용한 북극 연구는 예전에 비해 비약적인 발전을 하고 있다.

우리나라에서도 인공위성을 통한 북극해빙 관측의 길을 연 아리랑 5호

극지연구소의 "위성 탐사·빙권정보 센터"

극지연구소에서는 해빙 정보를 확보하기 위해 두 가지 측면의 노력을 하고 있다. 한국이 운용하는 북극 관측 위성이 없기 때문에 선진국에서 확보한 자료를 극지연구에 활용하는 것이 첫 번째 측면의 노력이다. 비북극권 국가이지만, 극지해빙의 변화에 의해 한반도 한파와 같은 영향을 받고 있기 때문에 북극 해빙의 변화 이해는 한국의 연구자들에게도 필수적인 연구 분야가 되었다. 위성을 보유하고 있는 국가들의 연구진과의 국제 공동 네트워크 구축을 통해 다양한 종류의 위성 자료를 확보하고자 하고 있다.

두 번째 측면의 노력은 지구 관측 위성으로 운용하고 있는 아리랑 위성을 이용하여 북극해 해빙연구를 시도하는 것이다. 아리랑 위성이 해빙 관측을 위해 설계되고 운용되는 위성은 아니지만, 아리랑 위성들은 극궤도 위성이기 때문에 매일 일정한 시간에 북극의 임의 공간을 지나간다. 극지연구소는 이러한 위성궤도 특성을 이용하여 한국항공우주연구원과 함께 북극 해빙연구를 공동으로 추진하고 있다. 아리랑 위성 중 5호(KOMPSAT-5)는 마이크로웨이브를 사용하는 SAR(Synthetic Aperture Radar, 개수합성레이더)를 탑재하고 있다. 마이크로웨이브는 북극해와 같이 구름이 많이 생기는 영역에서 지상 또는 해수면 관측이 가능하다. KOMPSAT-5 SAR 자료를 이용하여 해빙의 위치 추정 및 정밀한 농도 추정 연구를 진행하고 있다.

극지연구소에서는 북극 해빙연구를 위해 "위성 탐사·빙권정보 센터"를 설립하고, 인공위성을 이용한 해빙연구 및 극지과학 활동을 지원하고 있다. "위성 탐사·빙권정보 센터"에서는 북극해를 지나가는 16개의 위성을 실시간 추적하여, 활용 가능한 위성을 추적 모니터링하고 있다. 또한, 북극해의 해빙분포를 모니터링하고 있다. 매일 위성에서 관측되는 데이터를 자동 수집하여 저장하고 있으며, 연구자들이 필요로 하는 자료를 쉽게 검색해서 활용할 수 있는

인공위성으로 관찰된 북극해 주변과 북대서양 주변의 엽록소(클로로필a) 분포 (출처: NASA SeaWIFS 위성)

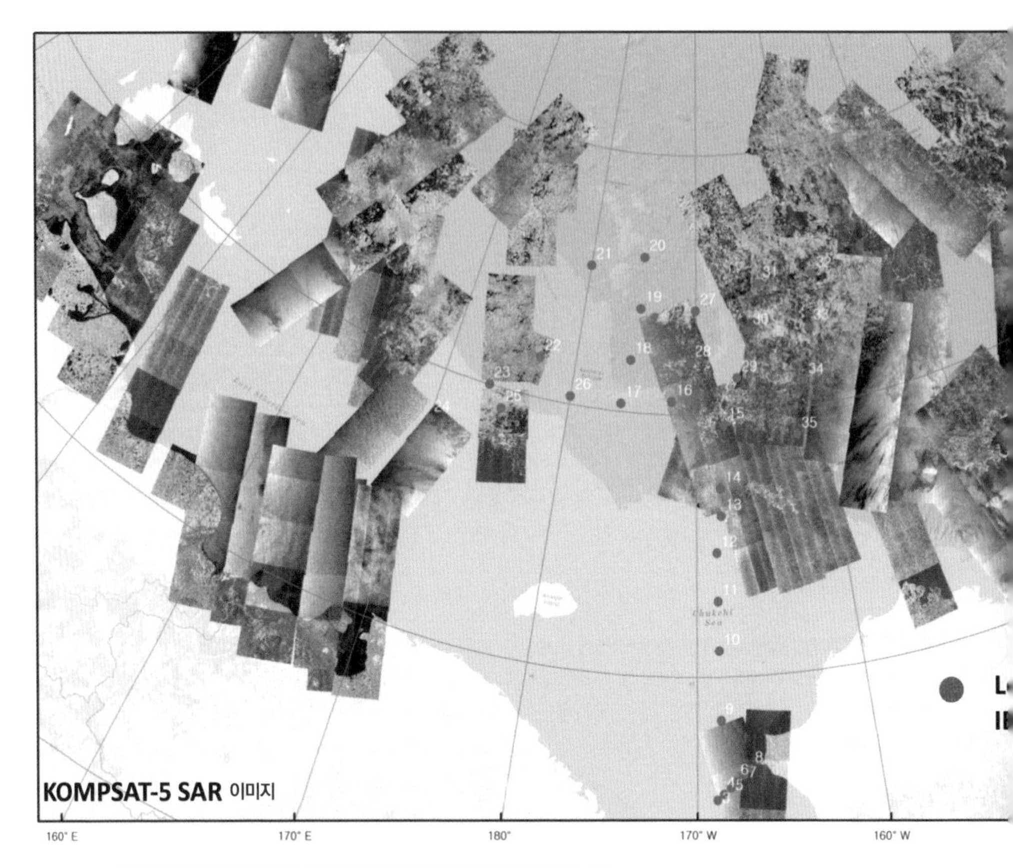

2017년 8월 북극해 아리랑 5호 해빙 영상 (그림에서 붉은 점은 쇄빙연구선 아라온호가 현장관측을 수행한 위치)

시스템도 구축 운영하고 있다. 특히 극지에서 과학 활동을 하는 연구자들의 안전을 위해 위성으로부터 정밀한 해빙정보를 준실시간 확보하고 있으며, 연구자들과의 공동 연구의 매개로서의 역할을 수행하고 있다.

아리랑과 아라온의 절묘한 공조

2017 여름 아라온호의 북극 현장조사에 맞춰 한국항공우주연구원의 아리랑5호 위성을 이용하여 쇄빙연구선 아라온호의 북극해 안전항해 지원 및 과학탐사를 위한 해빙 위치를 파악하여 북극해에서 연구 활동 중인 연구원들에

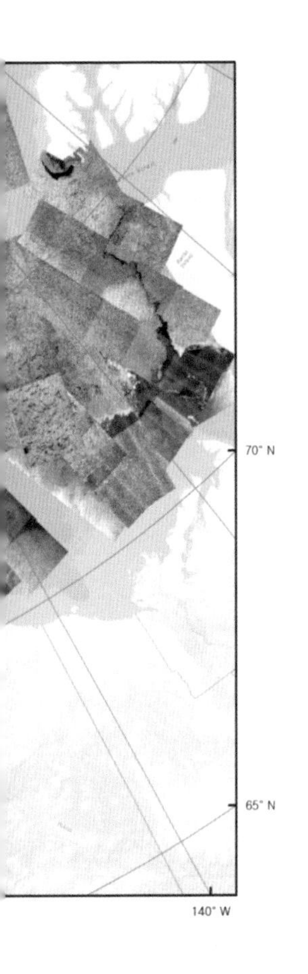

게 준 실시간 전송하는 역할을 수행했다. 북극 항해 기간 동안 KOMPSAT-5이 주로 사용되었으며, 날씨가 좋은 날은 아리랑 2호와 3호의 영상도 활용하였다. 쇄빙연구선의 예상 이동 위치와 시간 정보를 극지연구소의 "위성 탐사·빙권정보 센터"로 보내오면, 위성센터는 항공우주연구원과 연계하여 위성촬영을 요청하고, 촬영된 영상을 센터에서 1차 가공 및 분석하여 나온 결과 자료를 쇄빙연구선에 다시 보내어 극지 현장 연구를 지원하였다. 아리랑 2호와 3호는 광학영상으로 하늘에서 사진을 찍는 것과 같이 컬러 영상을 수집하는 위성이다. 쇄빙연구선 주변의 해빙 분포와 해빙 옆에 정박하여 과학 활동을 진행하는 모습을 우주로부터 촬영하였다.

순록은 늑대에게 고기를 주지만,
늑대는 순록을 강하게 한다.

이누이트

제5부 우리에게 북극이란?

극지연구소 사진제공

⌖ 북극, 북극해 그리고 국제법

서원상

북극의 가치는 동의하지만 동상이몽인 북극권 국가들

역사 속의 북극은 지구 끝에 도달하려는 인류의 탐험과 모험의 대상이었다. 오늘날 북극은 바닷속 진흙과 얼음을 토대로 미래의 지구를 예측하려는 과학 연구의 터전이다. 그리고 이제 국제 사회는 북극이 지구에 광물과 생물자원을 제공할 마지막 보루가 되어줄 것이라는 기대를 갖고 북극의 가치에 주목하고 있다.

하지만 모든 나라가 북극에 대해 같은 생각을 가진 것은 아니다. 북극에 영토를 갖고 있거나 북극해와 접하고 있는 국가들, 즉 북극권 국가들은 북극권에 국제 사회가 동참하는 다자간 체제를 도입하길 원하지 않는다. 그들 스스로가 북극의 주인이라 생각하고 있기 때문이다. 그래서 캐나다, 덴마크, 아이슬란드, 노르웨이, 핀란드, 스웨덴, 미국, 러시아의 북극권 8개국은 자신들만이 의사결정 권한을 갖는 정부 간 포럼 형태의 '북극이사회'를 창설하여 운영하고 있다.

그중에서도 북극해 연안 5개국(캐나다, 덴마크, 노르웨이, 미국, 러시아)은 일루리사트 선언(2008)을 통해 "북극해 연안국은 (북극해에 대하여) 주권, 주권적 권리, 관할권에 의하여 독보적 위치(unique position)에 있고, … 유엔해양법협약(Law of the Sea)은 … 권리와 의무를 규정하는 바, … 북극해를 관리하기 위한 새로운 국제법 체제는 필요없다"고 천명함으로서 비북극권 국가들의

그린란드 일루리사이트 전경 (출처: 위키미디어)

국제법적 북극해 진입을 차단하고 있다.

사실 북극해 연안국 입장에서는, 유엔해양법협약에 따라 영해기선으로부터 200해리까지의 배타적 경제수역(EEZ)을 선포할 수 있고(동 협약 제55조 및 제57조), 영토의 자연적 연장에 근거하여 200해리 외연까지 대륙붕을 주장할 수 있으며(동 협약 제76조), 북극해 결빙해역에 대하여 연안국의 국내법령이 적용되는(동 협약 제234조) 등의 합법적인 국가 이익을 포기하고 굳이 새로운 다자간 조약체제를 받아들일 이유가 없을 것이다.

그렇지만 북극의 북극해에는 '유엔해양법협약'으로 대변되지 않는 영역이 있다. 북극해라는 공간을 주권, 주권적 권리, 관할권이라는 측면에서 보면 당연히 유엔해양법협약의 대상이지만 북극해를 항행하는 선박에 초점을 맞추면 선박 항행의 안전과 오염방지에 관한 폴라코드(Polar Code)의 대상이기도 하다. 그리고 현재 북극해와 관련하여 채택 혹은 진행 중인 사안에도 쟁점이 있다. 북극해의 해상 및 항공 수색과 유류오염에 관해서는 북극권 8개 국가가 '북극항공해상수색구조협정'과 '북극유류오염대비대응협정'을 2011년과 2013년에 채택하였고, 북극해의 어업과 과학협력에 관해서는 '북극해중앙공해(Central Arctic Ocean, CAO) 비규제어업금지협정'과 '북극과학협력강화협정'을 교섭 중에 있다.

새롭게 형성중인 조약에도 여러 논점이 있는데, 예컨대 '북극해중앙공해 비규제어업금지협정'은 아직까지 얼음에 덮여 있어 실질적인 조업이 이루어지고 있지 않은 북극해 중앙공해의 비규제 어업을 금지하기 위하여 사전주의적[01] 접근(precautionary approach)이 필요하다고 하고 있다. 하지만 그 판단 근거라 할 수 있는 과학적 증거 또는 입증 책임 등의 측면에서 국가마다 서로 다른 입장을 보이고 있다. 또한 '북극과학협력강화협정'에서 논의 중인 원주민의 전통·지역지식(Traditional and Local Knowledge, TLK) 존중·보호문제는 국제경제법(WTO 지적재산권 협정)이나 국제환경법(생물다양성협약 등) 체제의 논의 동향과 함께 고려해야 할 문제이기도 하다.

이 글에서는 북극해 연안 5개국이 북극해 국제법의 틀로서 받아들인 유엔해양법협약, 2017년 1월에 발효된 폴라코드, 비연안국이 합법적으로 북극을 이용할 수 있는 권리를 부여하는 스발바르 조약, 그리고 북극권 국가들이 최근에 채택 또는 논의 중인 신규조약의 내용과 관련 쟁점을 소개한다.

---

01 사전주의(precaution): 특정 행위와 환경손상 간의 인과관계가 과학적으로 입증되지 않았더라도, 그 환경손상의 결과가 회복불가능한 정도로 중대하거나 그럴 개연성이 매우 높은 경우에 '사전'에 문제 행위를 규제하자는 것

바다는 인류의 공동유산이란 가치에 대한 도전이 해양법 논쟁으로

바다는 인류에게 교통의 통로이자 자원의 보고였다. 하지만 바다가 품은 거대한 자연의 힘은 인간에게 효과적인 지배나 독점을 허락하지 않았다. 과학기술의 발전과 함께 15~16세기 유럽의 해상 진출이 본격화되면서, 바다에 대한 활용폭이 넓어졌고, 동시에 해양법 역시 확대되고 발전되었다. 16세기 영국과 네덜란드가 해양강국으로 부상하자 국제법의 창시자라 불리는 네덜란드의 그로티우스(Hugo Grotius)는 '공해자유의 원칙'을 제창하였고, 19세기에 들어서 영해의 개념이 국제사회에 공고화되었으며, 이후 국제관습의 형태로 국제해양법의 면모를 갖추어 왔다.

20세기 해양법의 역사는 공해자유에 대한 각국의 도전으로 점철되었다. 이는 경제적 이유에서 비롯된 것으로 과학기술로 무장한 인류가 해양자원을 고갈시킬 수 있다는 문제의식 아래, 공해 중심의 해양법 질서가 점차 연안국의 권리 보장 및 확대로 전환되었다. 20세기 중반부터 각국은 자국의 영해를 넓히려는 시도를 계속하여, 1949년 유엔은 국제법위원회(ILC)에 해양법협약 초안의 준비를 요청하였고, 그 결과 영해 및 접속수역에 관한 협약, 공해에 관한 협약, 대륙붕에 관한 협약, 어업 및 공해생물자원의 보존에 관한 협약의 4개 협약으로 구성된 '1958년 해양법에 관한 제네바 협약'이 채택되었다. 그러나 과학에 앞선 일부 국가가 대륙붕과 대양저(현재의 심해저)를 독점 또는 과점할 수 있다는 우려가 제기되고, 해양을 인류의 공동유산으로 보려는 다수 국가들의 반발로 그 실효성이 반감되었다. 이에 1960년 제2차 유엔해양법회의가 개최되었으나 영해의 폭 설정에 실패하면서 폐막하였다.

다시금 해양법 논의의 불씨를 당긴 것은 "심해저 및 그 자원을 인류의 공동유산(Common Heritage of Mankind)로 활용하자"는 국제연합의 몰타 대표였던 아비드 파르도(Arbid Pardo)의 주장(1967년)이었다. 이에 대한 국제사회의 폭넓은 지지 속에 1973년에 시작된 제3차 유엔해양법회의는 공해와 영해의 분화, 연안국의 이익존중, 공해자유와 공해사용의 자유, 영해의 폭, 배타적인 어업관할수역, 해양자원의 보존 및 분배, 해저지하자원의 개발 등 다양한 의제를 논의하였다. 그 결과 1982년 영해 및 접속수역(제2장), 국제항행용 해협(제3장), 군도국가(제4장), 배타적 경제수역(제5장), 대륙붕(제6장), 공해(제7장), 도서제도(제8장), 폐쇄해 및 반폐쇄해(제9장), 내륙국의 해양출입권과 통과의 자유(제10장), 심해저(제11장), 해양환경의 보호 및 보존(제12장), 해양과학조사(제13장), 해양기술의 개발 및 이전(제14장), 분쟁의 해결(제15장) 등의 내용을 담아 전문, 17개 장, 320개 조문, 9개 부속서, 4개의 결의가 포함된 방대한 분량의 '유엔해양법협약'을 채택하였다. 유엔해양법협약은 현행 국제해양법질서의 기본으로 가히 '해양의 헌법전'이라 불릴 만하다.

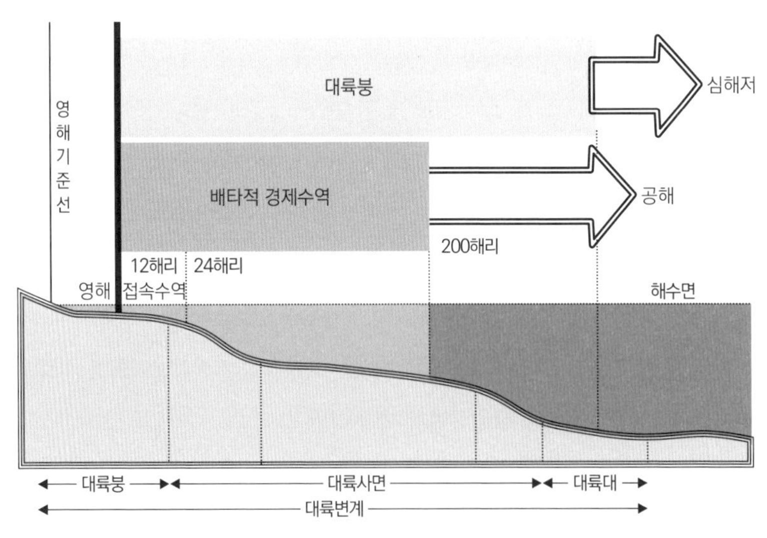

유엔해양법협약상 연안국의 관할 해역도

유엔해양법협약에서 북극해 연안국에게 중요한 그리고 유익한 제도로 배타적 경제수역과 대륙붕을 꼽을 수 있다. 배타적 경제수역(Exclusive Economic Zone, EEZ)이란 영해기선으로부터 200해리까지의 영해 외곽지역을 의미하는데, 여기에는 해저와 하층토도 포함된다. 연안국은 첫째, 배타적 경제수역에서 생물 및 무생물 천연자원의 탐사, 개발, 보존 및 관리를 목적으로 하는 주권적 권리(sovereign rights)를 가지며, 해수, 해류 및 해풍을 이용한 에너지 생산과 같은 이 수역의 경제적 개발과 탐사를 위한 그 밖의 활동에 관해 주권적 권리를 갖는다. 둘째, 배타적 경제수역에서 인공섬·시설·구조물의 설치와 사용, 해양과학조사, 해양환경보호와 보전에 관한 배타적 관할권을 갖는다. 반면에 다른 나라는 연안국의 배타적 경제수역 내에서 공해와 마찬가지로 항행의 자유, 상공비행의 자유, 해저전선 및 관선부설의 자유를 갖는다. 이미 북극해 연안국은 각국이 배타적 경제수역을 선포하여 관할하고 있다.

대륙붕(continental shelf)은 영해기선으로부터 200해리까지 또는 영토의 자연적 연장에 따라 대륙변계의 바깥 끝까지(최장 350해리)에 해당하는 해저와 하층토를 의미한다. 연안국에는 대륙붕을 탐사하고 천연자원을 개발할 수 있는 주권적 권리가 있다. 여기서 천연자원이란 광물, 무생물자원은 물론 정착성생물도 포함된다. 배타적 경제수역이 연안국의 선포에 의하여 관할권이 생성되는 반면, 대륙붕은 연안국의 명시적 권리선언이나 점유 여부와 상관없이 그 권리가 부여된다.

북극해에서 캐나다, 덴마크, 러시아 3국은 200해리 외연에서 대륙붕에 대한 확장 주장이 북극점을 중심으로 부딪치고 있다. 러시아는 2001년 로모노소프 해령에 대한 대륙붕 인정 요청이 대륙붕한계위원회(CLCS)로부터 기각되자 2007년 북극 수심 4,000미터 아래 해저에 티타늄으로 만든 국기를 꽂은 바 있

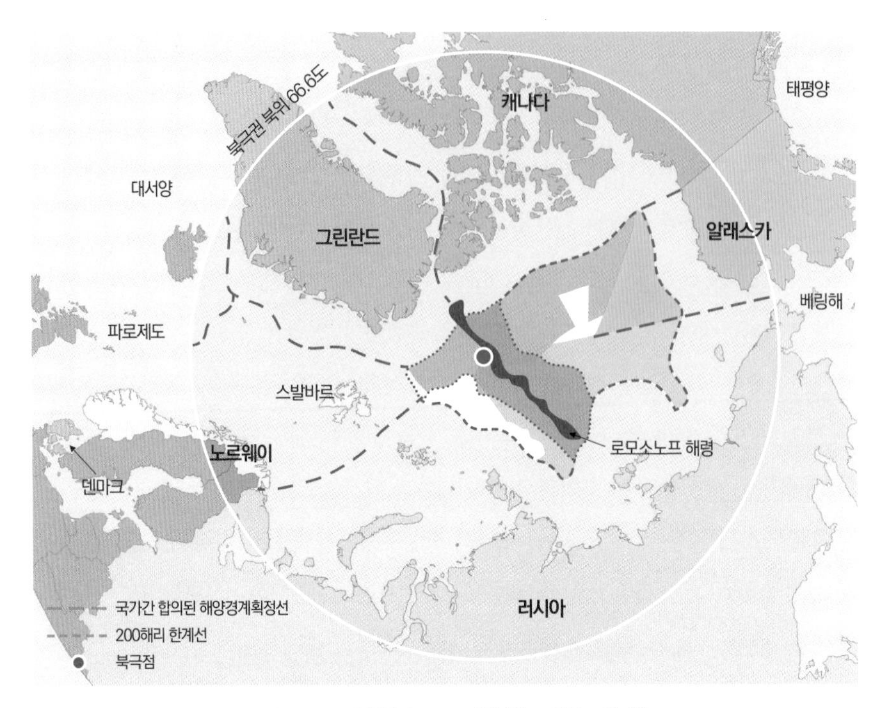

북극점, 로모노소프 해령과 북극해 해역 (출처: IBRU, 더럼대학교; 덴마크 외교부)

다. 캐나다도 2006년 하퍼 총리 취임과 함께 '북극 주권 회복'이라는 명제 아래 북극해를 주요 국정목표에 포함시킨 바 있으며, 덴마크 역시 2014년 대륙붕한계위원회에 북극과 주변 해역에 대한 대륙붕 확장 주장을 제기하였다.

연안국이 200해리 외연의 대륙붕을 획득하려면, 연안국의 "200해리 밖까지 영토의 자연적 연장에 따라 대륙붕이 존재한다는 과학적 정보"를 담은 문서를 제출하고, 대륙붕한계위원회가 검토 후에 연안국에 대륙붕 외측 한계에 대한 대륙붕한계위원회의 안을 권고하고 대륙붕을 확정하는 일련의 절차가 필요하다. 다만 대륙붕한계위원회가 과학적 검토기구일 뿐 분쟁해결기구가 아니기 때문에 국가 간 분쟁이 발생할 경우 그 검토를 중단하게 되는데, 흥미롭게도 3국은 법적 분쟁으로는 비화시키지 않고 있다. 실제로 러시아, 캐니다, 덴마크 3국은 각자 로모노소프 해령이 자국 대륙붕의 연장임을 밝히기 위해 수천만 달러를 투자하면서도, 캐나다-덴마크 로모노소프 해령연구(LORITA-1), 캐나다-러시아 로모노소프 해령지도 공동 제작 등과 같이 상호간 공동 연구를 진행도 하고 있다.

폴라코드

1990년 이후, 북극해지역이 상업 선박의 운항로로 고려되면서, 이 지역을 운항하는 선박의 설계 및 운항과 관련된 통일된 규정 제정의 필요성이 대두되었다. 당시에 북극의 결빙해역과 관련된 국제규범은 "결빙해역에서 선박운항으로 발생하는 환경오염을 방지하기 위한 국내법 제정 의무를 부과"하는 유엔해양법협약 제234조와 국제해상인명안전협약(SOLAS), 국제해양오염방지협약(MARPOL 73/78), 선원훈련·자격증명·당직근무기준협약(STCW)이 있었으나, 극지운항 관리를 위한 상세 규범을 담고 있지는 않았다. 이에 따라 국제해사기구(IMO) 및 국제선급연합회(IACS)를 중심으로 전 세계에 범용적으로 적용할 수 있는 규정의 제정이 추진되었다.

폴라코드(Polar Code, 극지수역 선박운항을 위한 국제코드)는 크게 1부(해사안전)와 2부(해양환경보호)로 나뉘는데, 1부-A와 2부-A는 강제사항이며, 1부-B와 2부-B는 권고사항이다. 2014년 11월에 채택된 1부(해사안전)는 SOLAS에 제14장 신설의 형태로 추가될 예정이며, 2015년 5월에 채택된 2부(해양환경보호)는 MARPOL의 부속서 I, II, IV, V의 개정의 형태로 삽입되어 각각 2017년 1월 1일자로 발효되었다.

1부(해사안전)는 기본적으로 극지항로를 운항하는 선박의 안전성을 확보하기 위하여, 극지선박의 범주 구분, 극지운항 매뉴얼, 선박구조, 안정성과 구획,

수밀성(watertightness) 및 수밀건전성, 운항안전, 화재안전 및 보호, 구명장비 및 설비, 항행안전, 통신, 운항계획, 선원관리 및 훈련의 내용을 담고 있다. 그리고 2부(해양환경보호)는 유류에 의한 오염방지, 벌크선의 유해액상물질에 의한 오염방지, 선박폐수에 의한 오염방지, 기타 선박폐기물에 의한 오염방지의 내용을 담고 있다.

스발바르 조약

2016년 1월 북한이 스발바르 조약(Treaty Regulating the Status of Spitsbergen and Conferring the Sovereignty on Norway: The Svalbard Treaty)에 가입했다. 조선중앙통신은 북한이 스발바르 제도에서 경제 및 과학 연구 활동을 할 수 있는 국제법적 지위를 확보했다며 반겼다. 2012년 우리나라의 스발바르 조약 가입 시에도 국내 언론들은 우리나라가 북극개발 대열에 동참하게 되었다고 논평했다. 그러나 스발바르 조약에 가입한다고 조약당사국이 스발바르 제도에서 자원개발에 착수할 수 있는 것은 아니다. 동 조약 제1조에 따라 스발바르 제도에 대한 주권은 노르웨이에 귀속되기 때문이다.

북극해에 위치한 스발바르 제도는 17~19세기 중반까지는 고래와 바다사자 포획의 요지로, 19세기 후반부터는 석탄개발의 요지로 국제사회의 관심을 받았던 곳이다. 관련 국가들은 스발바르 제도의 평화적 이용을 위해 제1차 세계대전 직후에 스발바르 조약을 체결

하였으나, 그 후 조약에 의거하여 스발바르 제도의 주권을 인정받은 노르웨이와 여타 조약당사국 간에 대립이 발생하고 있다.

스발바르 조약의 목적은 스발바르 제도에 대한 노르웨이 주권을 인정하고, 이 지역의 개발 및 평화적 이용을 보장하는 공정한 제도를 수립하는 것이었다. 그 내용은 크게 노르웨이의 스발바르 제도에 대한 주권을 인정한다는 것과, 노르웨이가 조약당사국에게 보장해 주어야 할 의무, 즉 조약당사국의 권리로 나뉜다. 스발바르 조약은 제1조에서 노르웨이에게 스발바르 제도에 대한 '완전하고 절대적인 주권(the full and absolute sovereignty)'을 인정하고 있지만, 제9조에서는 스발바르 제도에 해군기지의 설치 또는 허가, 군사적으로 사용가능한 요새 구축을 금지하고 있다. 또한 노르웨이는 스발바르 제도에서 모든 조

스발바르 제도 롱이어비엔의 전경 (© 김동훈)

약당사국 및 그 국민에 대하여 어업 및 사냥(제2조), 해양·산업·광업·상업 등의 경제 활동(제3조), 무선통신(제4조), 재산 취득 및 수용(expropriation)(제7조), 관세·과세·과징금 등 각종 세금(제8조)에 대해 자국민과 동등한 대우를 보장하여야 한다고 조약에서 정하고 있다. 조약의 내용과 구성을 살펴보면 노르웨이는 '주권'에, 여타 조약당사국들은 공정하고 평등한 '경제 활동의 보장'에 초점을 맞춰 구성되어 있다.

하지만 실제로는 노르웨이에게 부여된 '주권'의 범위에 대해 조약당사국들 간에 입장이 맞서고 있다. 노르웨이는 1977년 7월 「어업보호수역칙령」을 선포하여 스발바르 제도 주변 200해리까지 어업보호수역(fishery protection zone)을 설정하였고, 2003년 7월 「노르웨이 영해 및 접속수역법」을 제정하여 스발바르 제도의 영해를 기존 4해리에서 12해리로 확장하였다. 이런 어업보호수역에 러시아 등 동구권 국가들이 강력히 반대하자, 노르웨이는 몇몇 국가들에게 어업보호수역의 조업을 개방하면서 무마하였다. 하지만 노르웨이는 1993년에 어업보호수역 내에서의 불법어업 선박에 대한 경고사격, 어구절단 등의 조치를 예고하였고, 1994년에는 아이슬란드 어선, 2004년에는 스페인 어선을 나포하였고, 2005년에는 러시아 어선 추격이라는 강제조치까지 이행했다. 노르웨이는 "자국이 유엔해양법협약에 따라 배타적 경제수역(EEZ) 또는 대륙붕에 대한 주권적 권리와 관할권을 행사할 수 있으며, 스발바르 조약에는 이에 관한 명문 규정이 없으므로 동 조약은 이 건에 적용될 수 없다"고 주장한다. 이에 대하여 여타 조약당사국들은 한 목소리로 스발바르 제도에는 유엔해양법협약 이전에 스발바르 조약이 우선 적용된다고 주장하고 있는 상황이다.

앞에서 스발바르 조약 가입이 곧 자원개발의 권리를 갖는 것은 아니라고 언급한 바 있다. 물론 스발바르 조약은 노르웨이에게 광업권을 포함한 재산 소유권의 취득·향유·행사에 평등한 대우를 보장할 것을 명시하고 있다. 노르웨이

스발바르 제도의 뉘올레순 과학기지에 있는 탐험가 아문센 흉상과 필자

는 1975년 칙령으로 수정된 1925년 광물법을 통해 스발바르지역의 광업에 대한 규범을 마련하였는데, 광물법 제2조는 조약 서명국들이 천연으로 매장된 석탄, 광유(鑛油) 등을 공평하게 연구하고 획득하며 개발할 수 있도록 하고 있다. 그렇다고 모든 서명국이 동일하게 채굴권을 보유한다는 것은 아니다. 조약은 노르웨이에게 모든 당사국에게 평등한 대우를 보장하라는 것이지 당사국의 광업권 등 재산권을 보장하라는 것은 아니기 때문이다. 오히려 당사국 간의 평등을 무기삼아 각국의 개발 시도를 저지할 권한 또한 있는 것이다.

또 스발바르 조약은 조약발효 이전에 형성된 광업권만큼은 보호하고 있는데, 일종의 기득권 존중이다. 조약 제6조는 조약 서명 이전에 토지의 소유 또는 점유로 발생하는 청구에 관해서는 그 권리를 인정하고 있다. 실제로 스발바르 제도의 석탄 채굴은 조약 체결 이전인 1900년 즈음으로 거슬러 올라간다. 초기 스발바르 제도의 광업 회사들은 회사 주인이 자주 바뀌었다. 노르웨이의 첫 광업회사는 러시아, 네덜란드, 영국, 미국으로 소유권이 이전되었고, 스웨덴은 1911년 피라미덴과 스베아그루바에서 광산을 개발했지만 1920년대에 스베아

그루바 광산은 노르웨이에, 피라미덴 광산은 러시아에 매각하였고, 1916년 노르웨이 정부가 설립한 스토어 노스케가 훗날 스베아그루바의 광산을 인수하였다. 또한 소련은 1930년대 초반 네덜란드 바렌츠부르크의 채굴 기업을 인수하였다. 노르웨이는 가능할 때마다 다른 국가들로부터 채굴권을 구입하여 자국에게 불리한 스발바르 조약의 약점을 극복하려하고 있다. 그리고 1930년대 이후에는 러시아가 동일한 시도를 해오고 있다. 그 결과 지난 80년 동안 스발바르 제도에서 채굴권을 행사한 국가는 노르웨이와 러시아, 두 나라뿐이다.

북극이사회가 채택한 두 개의 조약

북극권 8개국은 북극이사회라는 정부 간 포럼을 이용하여 북극해 관리에 관한 새로운 조약질서를 만들고 있다. 북극이사회는 북극항공해상수색구조협정과 북극유류오염대비대응협정이라는 두 개의 조약을 채택했는데, 두 조약 모두 이미 북극권 8개국이 가입돼 있는 보편적 성격의 기존 조약이 있는데도 다시금 북극해만을 대상으로 맺은 새로운 조약이다.

북극항공해상수색구조협정은 북극해의 항공·해상 수색 및 구조협력과 조정을 강화하기 위해(제2조), 2011년 제7회 북극이사회 각료회의(그린란드 누크)에서 채택되었다. 이 협정은 제3조(적용범위)와 부속서에서 국가별 수색·구조 구역을 획정하였는데, 이런 수색 및 구조 구역의 획정은 국가 간 경계 획정 또는 당사국의 주권, 주권적 권리, 관할권과 무관하며 또한 이에 영향을 미치지 아니하고(제3조 제2항), 북극권 8국의 권리가 아닌 의무의 적용 범위를 확대한 것이기에 북극권 국가의 자발적인 기여가 담긴 것이라고 할 수 있다. 하지만 궁극적으로는 북극권 8개국의 국가행위 구역을 유엔해양법협약 등의 기존 국제규범에서 획정하는 범위보다 확대하고 있다는 점은 주목할 만하다.

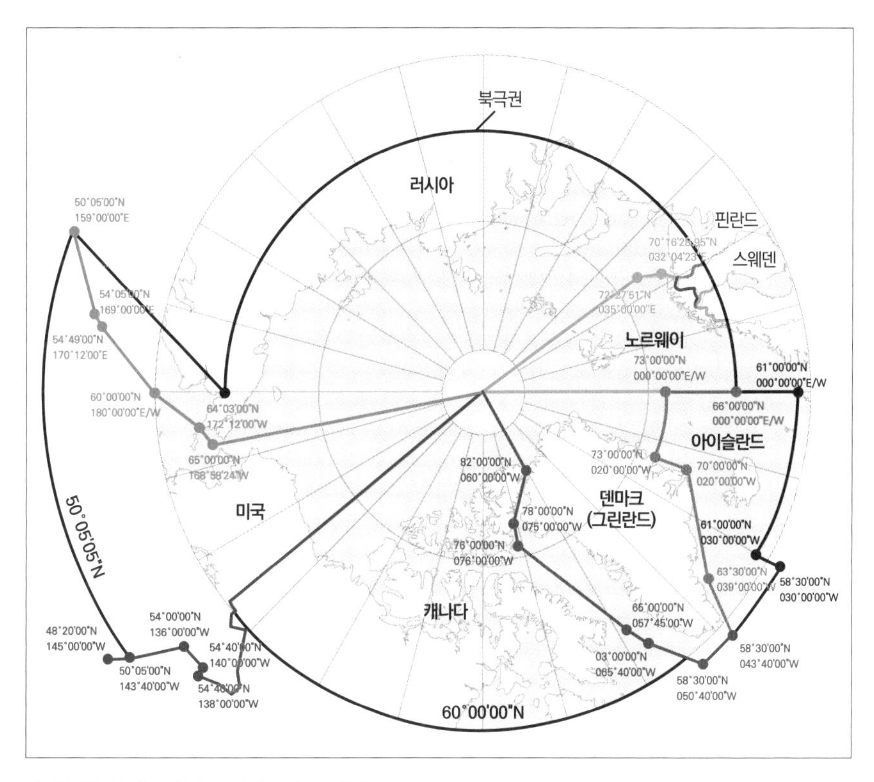

북극항공해상수색구조협정상 국가별 수색구조 경계

각 당사국은 권한당국(제4조), 항공해상 수색구조 책임기관(제5조) 및 구조조정본부(제6조)를 지정·설치하여 본 협정의 수색 및 구조 활동을 실시한다. 수색 및 구조 활동이 목적인 경우, 일정한 절차를 밟아 해당 당사국 영역에 진입할 수 있도록 개방하고 있는데, 다수 당사국의 수색구조 책임기관이 군 또는 경비(경찰)관련 조직이라는 점에서, 북극권 국가 간의 협력이 안보적 신뢰에 기반하고 있음을 짐작할 수 있다.

북극유류오염대비대응협정은 해양환경을 보호하기 위해 북극의 유류오염 대비 및 대응에 관한 당사국간의 협력·조정·상호 지원을 강화하려는 목적으로 2013년 제8회 북극이사회 각료회의(스웨덴 키루나)에서 채택되었다. 이 협정은 오염원을 제공하는 선박을 "수중익선, 공기부양선, 잠수함 및 모든 종류의 부유기기를 포함하여 해양환경에서 운항하는 모든 종류의 배"라고 정의하되(제2조), 군함 및 정부 공용선박은 적용대상에서 제외(제3조)하고 있다. 각 당사국은 유류오염사고에 신속하고 효과적으로 대응하기 위해 권한당국, 연락거점의 국가적 체제를 유지해야 하고(제4조 및 제5조), 유류오염 정보를 접수한 경우, 사고평가(유류오염사고 해당 여부) 후에 영향평가(사고의 성질 정도 및 파급될 영향)를 실시하고 사고영향이 미칠 수 있는 당사국에 대한 통보(자국의 대응조치 내용 및 적절한 정보)에 이르는 일련의 대응조치를 취해야 한다(제6조). 또한 당사국은 사전 또는 사후 모니터링을 통해 유류오염사고의 대비, 식별, 대응과 정보공유의 협력을 위하여 노력하여야 한다(제7조). 유류오염의 대비·대응에 필요한 비용부담은 오염을 일으킨 자가 부담(Polluter Pays)하는 것을 원칙으로 하되(전문), 유류오염사고 대응에 관한 원조비용의 경우 제3국의 자발적인 조치는 조치국이 부담하고, 요청에 따른 경우 요청국이 그 비용을 부담한다(제10조)고 정하고 있다.

앞에서 언급한 두 협정은 모두 협정의 운영을 위한 정기적인 당사국회의를 규정하고 있으며, 분쟁 발생 시 당사국 간 직접교섭을 통해 분쟁을 해결하도록 하고 있다. 비당사국, 즉 비북극권 국가에게는 조약을 개방하기보다 필요한 경우 또는 적절한 경우에 비당사국과의 협력이 가능하다고 규정하고 있다.

북극권의 새로운 조약

2015년 7월 16일, 노르웨이의 오슬로에 모인 캐나다, 덴마크, 노르웨이, 러시아, 미국의 5개 북극해 연안국은 북극해 중앙공해에서 이루어질 수 있는 비규제어업(unregulated fishing)을 금지하는 조약을 준비하는 경과조치로서 '북극해 중앙공해의 비규제어업 금지에 관한 선언'을 발표하였다. 이 선언문은

"최근 북극해 중앙공해를 덮고 있는 얼음이 녹고 있고, 경계 왕래 어족을 포함하는 북극해의 어족자원이 연안국들의 어업관할권 및 북극해 중앙의 공해역 모두에서 발생하고 있어 사전주의적 접근(prccautionary approach)을 포함하여 공해의 생명자원을 보존을 위해 상호 협력해야 할 국제법상 의무"를 상기하였다. 그 이행수단으로 소구역 어업관리기구 또는 어업관리방식에 따른 상업적 어업 실시, 국제 과학기구들과의 공동과학연구프로그램 수립, 모니터링 강화 및 정보공유를 통한 국제법 준수 촉구를 거론하였다.

이 선언을 계기로 미국의 협정 초안이 작성되어 협정 성안을 목표로 북극해 연안 5개국과 한국, 중국, 일본, 아이슬란드, EU 등 총 10개국이 최근까지 북극해 중앙공해에서의 적절한 자원관리 제도의 정착 이전까지 상업적 조업 허가를 발급하지 않을 것, 비회원국에게도 협약 정신과 규정의 준수를 권유할 것, 협약에 반하는 비회원국의 행동을 억제하기 위한 조치를 취할 것이라는 내용을 포함하여, 공동과학연구프로그램의 발굴과 지역수산관리구의 설립에 관하여 논의해 왔다.

10개 당사국들은 2017년 11월에 최종 합의 문안을 도출하였고, 2018년 2월까지 검토 작업을 마치고 2018년 여름께 서명식을 개최할 것을 희망하고 있다. 이 협정의 가장 큰 의의는 북극해 연안국과 비북국권 국가가 동등한 회원국으로 채택한 첫 번째 북극관련 조약이라는 것이다. 여타 북극관련 조약들의 회원국이 북극권 8국에 국한되어 왔다. 우리나라가 북극이사회 옵서버 지위를 획득하였지만 의사결정권을 갖지 못하였는데, 이 협정을 통해 (어디까지나 이 협정 내용에 국한되지만) 북극 거버넌스 현안에 대한 의사결정권을 갖게 되었다.

북극이사회 산하 과학협력 태스크포스는 2013년 12월 첫 회의를 시작으로 법적 구속력을 갖는 '북극에서의 과학협력에 관한 협정'의 초안 준비를 시작하여, 2017년 5월에 '국제 북극과학 협력강화 협정'을 채택하였다. 이 협정은 지적재산권(제3조), 인원, 장비, 재료의 출입(제4조), 연구인프라 및 설비에 대한 접근(제5조), 연구지역의 출입(제6조), 데이터에 대한 접근(제7조) 교육, 경력개발, 훈련 등의 기회공유(제8조), 전통지역지식(제9조) 등을 포함한 총 20개의 조항으로 구성되어 있다.

그 중에서도 눈여겨 볼 사항은 원주민의 전통·지역지식의 보호 문제다. 전통·지역지식(Traditional and Local Knowledge: TLK)의 보호는 원주민 전통문화의 보존과 지식재산권의 보호라는 두 가지 중요한 이슈를 담고 있다. 더욱이 북극 원주민이 수동적으로 원조를 받는 보호의 대상이 아니라, 그들이 자신의 문화와 지식을 재산적·경제적 가치로 인식하여 능동적·적극적으로 권리를 행사하는 주체가 된다는 점에서 큰 의의가 있다. 그러나 원주민의 전통·지역지식이 지적재산권이 된다는 것은 새로운 과학연구의 수행을 위하여 이전에는 발생하지 않았던 추가적인 비용 부담을 고려해야 한다는 의미이고, 더 나아가 공들여 연구한 결과물의 특허출원 등에 제약이 따를 수 있다는 뜻이기도 하다. 더욱이 전통·지역지식의 대부분이 구전되는 경우라면, 이를 지적재산권으로 인정할 수 있는 기준 또한 모호하여, 후속 연구자가 무엇을 북극 원주민의 지적재산권으로서 존중할 것인지의 여부마저도 불명확하다.

협정 제9조가 ① 과학연구자의 전통·지역지식의 참작 및 접목, ② 전통·지역지식 보유자와 과학연구 및 평가자간의 의사소통, ③ 전통·지역지식 보유자의 연구 및 평가 참여 등을 "장려해야 한다"라고 적고 있는 것으로 보아, 아직까지 북극 원주민의 전통·지역지식 자체를 특허 등의 지적재산권 형태로 보호하는 단계에는 이르지 않은 것으로 보인다. 실제로 제3조에서 지적재산권을 다루고 있지만, 주로 북극 과학연구를 통하여 획득하는 지적재산권의 공정한 분배 또는 지적재산권 관련 분쟁 해결에 관한 원칙적인 내용을 담고 있을 뿐, 북극 원주민의 전통·지역지식의 보호에 관하여는 별다른 언급이 없다.

또한 국제사회의 전통지식에 관한 논의도 아직은 현재진행형에 머물러 있다. 국제지적재산권기구(WIPO)가 '전통지식 보호에 관한 국제협약 초안'을 작성하였는데도, 여전히 전통지식의 보호방법, 전통지식 보호의 수혜자, 이익배분, 접근 및 사전 통보와 동의, 보호기간, 형식요건 등의 쟁점에 대하여 선진국과 개도국 간의 견해 차이가 좁혀지지 않고 있다. 이런 점에서 북극과학협력강화협정(안)에 원주민 전통·지역지식을 강력하게 보호하는 조항을 삽입하기에는 시기상조로 보인다. 다만 우리나라가 북극과학연구를 통한 북극권 국가와의 우호적인 민간외교를 지속하면서 동시에 우리나라 과학연구의 성과가 지적재산권이라는 경제적 가치를 보장받기 위해서는 원주민 전통·지역지식 보호제도에 대한 합리적인 정책적 기초 확립이 필요하다.

북극해의 해빙 (극지연구소 사진제공)

✦ 북극과 에너지

김효선

에너지 안보의 상징, 북극

'북극'하면 새하얀 얼음과 북극곰이 가장 먼저 떠오른다. 그것은 코카콜라의 힘일 것이다. 그 다음으로 연상되는 것은 차가운 얼음 속에 묻혀 있는 석유와 천연가스이다. 이러한 의미에서 북극은 매우 미래지향적이고 안보지향적이다. 즉, 북극 에너지는 우리의 미래를 위한 자산이며, 군사외교 차원의 안보의 관점에서 가치가 크다.

석유와 천연가스와 같은 에너지는 단순하지 않다. 그것은 이들이 경제발전에 꼭 필요한 기본재이면서도, 그 가격이 수요와 공급에 의해서만 결정되는 것은 아니기 때문이다. 개발단계부터 수송단계까지 시장적 리스크 외에 정치적 요소가 가미된 비시장적 리스크가 다양하게 존재한다. 이 리스크는 비용상승에 직간접적으로 영향을 미치게 되는데, 국제관계를 연구하는 분들 중에 에너지 전문가들이 많이 활약하는 배경도 바로 이러한 에너지의 비시장적 특수성, 특히 정치적 특수성 때문이다.

그렇다면, 에너지 안보란 무엇일까? 국제에너지기구(International Energy Agency, IEA)가 정의하는 에너지 안보는 에너지에 대한 수요가 존재할 때 적당한 가격으로 에너지 공급이 가능한 상태를 의미한다. 이때 공급 가능한 상태라는 것은 어떠한 상황에도 방해받지 않는 상태를 뜻한다.

국제북극포럼

에너지 안보의 정치·경제적 의미는 미시적 접근과 거시적 접근으로 나뉜다. 크리스토프 뵈링거와 마르쿠스 보톨라메디가 제시한 에너지 안보 지표에는 1차 에너지에 대한 의존도, 1차 에너지 수입 의존도, 에너지 수송방식에 대한 의존도 등이 있다. 이러한 지표는 미시적 접근에서 에너지 안보를 1차 에너지 수입 비용과 수송에 따른 리스크로 정량화했다는 데 의의가 있다. 반면 공급과 관련한 에너지 안보는 매장량 자체가 증가하거나 감소하는 것과 추가 공급이 얼마나 탄력적인지에 따라 달라질 수 있다.

요즘 세계 경제는 미국의 달러와 유가변동에 그 관심이 쏠려있다. 미국은 에너지 집약적인 산업구조를 가진 세계적인 에너지 다소비 국가로, 화석연료에 대한 의존도가 높고, 에너지의 대부분을 해외에서 수입하고 있다. 따라서 에너지 비용이 에너지 수입원에 따라 크게 좌우되는 구조를 안고 있다. 에너지 안보는 미국 경제에 직접적인 영향을 준다. 이 때문에, 에너지를 공급하는 북극은 미국의 에너지 안보를 지속시키는 소중한 자산이다.

미국은 북극이사회 의장국을 수행하며 북극의 에너지에 대하여 마치 배트맨에 나오는 조커의 동전 던지기와 같은 전략을 취해 왔다. 즉, 미국은 어느 행정부가 권력을 잡던 간에 양면 모두 '안보'를 선택하도록 되어 있는 동전을 던져 왔다. 환경을 보호하겠다고 하지만 그 속내에는 가격이 더 오르기를 기다리겠다는 속셈이 숨겨져 있는 것이다.

안보 이슈가 미국의 에너지 정책에 크게 부각되기 시작한 것은 1944년 사우디아라비아에서 석유가 발견된 후 미국과 사우디아라비아가 석유 관련 제1차 비밀협정을 체결하면서부터다. 제1차 석유파동 직후인 1974년에 양국이 제2차 비밀협정을 체결하는 등 중동지역은 미국의 에너지 외교정책의 중심으로 자리 잡게 된다. 이후 1975년 에너지 정책 및 비축법을 제정하고, 1980년에는 카터 행정부가 에너지 안보법을 제정한다. 2001년 부시 행정부가 들어서면서는 국내 소비를 감축하는 전략에서, 재생에너지 활용과 알래스카 유가스전 개발을 통해 석유 수입을 줄이는 방향으로 선회한다. 이렇게 에너지원을 다변화하는 전략은 국내 생산을 늘려 해외 석유 의존도를 줄이자는 의도에 초점을 맞추는 것이다. 이로써 미국은 1977년 석유수출국기구(Organization of Petroleum Exporting Countries, OPEC)로부터 원유 수입 비중이 전체의 70%에 달하던 것이 2010년에는 50% 수준으로 감소하게 된다.

BP(British Petroleum)에 의하면, 2035년 세계 원유시장의 3분의 1을 미국, 러시아, 사우디아라비아가 공급할 것으로 전망되고, 이러한 추세가 계속될 경우 미국은 2021년에 에너지 자급자족이 가능할 것으로 전망된다. 한편, 석유수출국기구의 원유시장 점유율은 2013년과 비슷한 수준인 40%를 2035년까지 유지할 것으로 보인다.

이와는 달리 천연가스 매장량은 북미의 셰일가스 붐에도 불구하고 러시아와 중동의 매장량이 73.8%(2014년 기준)에 달한다. 특히 천연가스는 석유와 달리 배관망과 저장설비 등 역내 인프라가 충분히 마련되어야 공급의 안정성이 보장된다. 북미지역은 파이프라인 설치에 따른 정치적 리스크가 상대적으로 낮은 편이다. 따라서 북미지역의 천연가스 공급안정성은 다른 지역 대비 양호한 편이다. 석유와 천연가스의 세계 교역량을 통해 미국의 공급안정성을

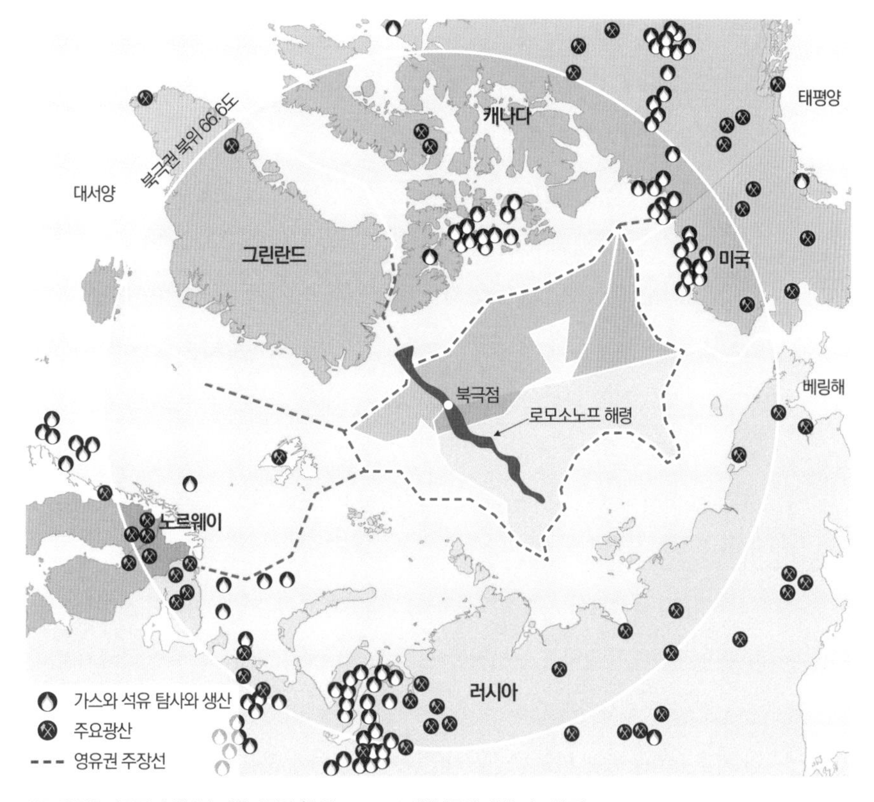

북극해 영유권 주장과 에너지 자원 매장량 (출처: Nordregio의 '북극의 자원' 지도 참조)

비교하면, 천연가스 공급안정성이 석유의 공급안정성보다 우수한 것을 알 수 있다.

미국의 에너지 안보는 자국 산업의 경쟁력은 물론 군사력에도 영향을 끼친다. 이러한 단면을 보여주는 통계가 바로 미 국방부의 예산규모와 구성이다. 다음 그림은 2015년 미국 정부 예산의 구성을 보여준다. 즉, 연방정부 차원에서 사용하는 예산 중 54%를 군사가 차지하며 그 규모가 6,000억 달러에 이른다. 이와 같이, 에너지 안보는 미국의 정치경제적 이슈와 군사안보적 이슈가 복합적으로 맞물린 국정 우선 과제라 할 수 있다.

최근 오바마 정부의 에너지 관련 외교정책은 국제 원유시장에서의 헤게모니를 잡는데 일조했다. 즉, 대외환경에 덜 의존적인 에너지 안보정책을 강조함으로써 외교적인 부담을 줄이는 효과를 가져왔다고 평가할 수 있다. 특히 부시 정부가 선제 공격론의 이데올로기적 토대를 마련했다면, 오바마 정부의 외교정책은 "우리가 제일 좋은 망치를 갖고 있다고 세계의 모든 문제를 못으로 봐서는 안 된다"는 표현으로 함축된다. 그럼에도 불구하고 현재 미국을 비롯한 전 세계가 처한 상황은 IS 테러 등 중동지역의 정세와 분리될 수 없는 정치외교적 문제에 직면하고 있다. 이를 반증하는 것이 오바마 정부에 와서 미국이 전 세계 국방비에서 차지하는 비중은 여전히 세계 1위 자리를 차지한다는 것이다.

특히, 지난 제21차 기후변화협약 당사국총회에서 파리합의문이 채택되는 데 오바마 대통령의 활약은 독보적이다. 가장 까다로운 협상당사자인 중국과 미리 손을 잡아 국제사회를 향해 리더십을 발휘했다. 이러한 전략은 미국으로 하여금 기후정책을 통해 외교채널을 다양하게 확보하게 하는 결과를 가져왔다.

미국은 경제규모가 가장 큰 국가이자 인구가 세 번째로 크고, 두 번째로 에너지 소비가 가장 큰 국가이다. 2013년 기준, 미국은 러시아와 사우디아라비아에 이어, 세계에서 세 번째로 큰 원유 생산국이다. 게다가 천연가스 생산이 가장 많은 국가이면서 석탄 생산은 중국에 이어 세계 2위를 차지하고 있다.

미국의 에너지 외교정책은 이렇게 자국이 에너지 수출국으로 돌아선 것과 최근 정세를 반영하듯, 복잡한 지정학적 이슈를 중심으로 변화하고 있다. 특히 미국으로서는 에너지 소비국으로서 가장 큰 중국에 대해서는 셰일가스의 기술이전을 통해 경제적 이익을 챙기고 싶어 한다. 또한 가스를 무기로 유럽은 물론 우크라이나 등 주변국을 압박하는 러시아에 대해서는 견제를 할 필요가 있다. 러시아에 대한 경제제재가 중국-러시아 공조를 공고히 하는 역효과를 우려하기 때문이다. 즉, 미국의 에너지 외교전략은 석유와 가스가 상이할 수 밖에 없다. 즉, 석유시장에서 미국의 입장은 석유수출국기구의 힘을 분산시키는데 있는 반면, 가스시장의 경우 러시아의 힘이 극동아시아까지 발휘되지 않도록 하는데 있다. 이런 연유로 인하여 미국은 아시아로 향하는 액화천연가스 터미널 건설에 대해 승인을 서두르고 있다.

글로벌 경제 차원에서 바라본 북극 에너지의 미래

글로벌 원유시장 입장에서 바라본 북극은 북극해의 유가스전의 신규 매장량으로 추가 공급원이 마련된다는 점이 장기적인 유가 안정에 긍정적이다. 그러나 북극이라는 이슈에 있어 미국은 에너지 안보 면에서 세계 에너지시장에 공급 여력을 부여한다는 의미와 동시에 에너지 안보 면에서 취약한 북극지역의 문제를 함께 안고 있다. 따라서 미국은 2015년 4월부터 2년간 북극이사회 의장국을 역임하면서 북극이사회 전문가 그룹인 지속가능개발 분과위에 분산형 전원(micro-grid) 보급사업을 제안한 바 있다. 북극은 에너지 공급이 불안정한 지역으로 전력난이 발생할 경우 이를 백업할 수단이 많지 않다. 그러다 보니 과도한 예비율로 경제성이 떨어지거나 폭설 등의 비상사태에 대한 대응 능력이 부족하다. 이는 에너지 복지 차원에서 북극이사회 회원국들이 공통으로 감수하는 감내하는 부분이다. 따라서 의장국을 통한 미국의 리더십은 실질적이고 가능성 있는 에너지 공급 정책을 시도하는 데 주안점을 두고 있다.

특히 오바마 정부는 척치해에 대한 유가스전 개발을 승인하면서 에너지 안보가 수입의존적인 공급체제로 위협받기보다는 북극을 엄격한 수준으로 개발하는 것이 바람직하다는 입장을 고수했다. 물론 쉘이 최근 북극사업을 접게 된 배경이 엄격한 환경영향평가 기준에 있기는 하지만 비용이 문제지 규제가 문제가 아니라는 것이다.

이와는 별도로 미국은 북극을 둘러싼 이해당사국들과의 관계에 있어 군사대치 등 대립각을 세우지 않는다는 점도 특이사항 중 하나다. 특히 오바마 정부에 들어서 북극해를 경계로 러시아와의 관계가 악화되지 않았다는 점은 오바마의 외교정책이 실리위주라는 원칙을 지켰다고 평가된다.

원유시장은 어떤 에너지원보다 개방되어 있다. 개방되어 있다는 표현은 글로벌 시장으로서의 요건 중에 하나인 공급이 수요의 변화에 탄력적으로 움직일 때 적합하다. 예를 들어 천연가스는 파이프라인이 연결되어 있을 경우와 그렇지 않은 경우에 따라 가격조건이 다르다. 즉, 동일한 재화에 가격이 달리 형성된다. 엄밀히 얘기하면 파이프라인 가스와 액화천연가스는 동일한 원소로 구성된 천연가스지만 상품으로 볼 때 엄연히 다르다. 다시 말해 동일한 재화라 볼 수 없다. 그러나 연료로서의 기능을 볼 때 이 두 재화는 동일한 연료인 것이다. 이러한 이유 때문에 천연가스는 원유에 비해 지역별로 시장이 폐쇄적으로 운용된다. 따라서 가격이 지역별로 상이하다. 보통 통계자료 상에서도 지역별

핀란드에서 '저탄소에너지 정책을 위한 북극과 아시아 에너지 협력'이란
주제로 발표하고 있는 필자

로 러시아 가격, 아시아 가격, 미국 가격으로 구분하기도 한다. 그만큼 지역별 특성이 강한 상품이다.

이에 반해 원유시장은 브렌트나, 두바이나, 미국서부텍사스 중질유(WTI)가 엎치락 뒤치락할 뿐 크게 벌어지는 경우는 드물다. 이런 점은 원유시장이 글로벌 금융시장에서 가장 큰 시장의 하나로 자리매김하게 되었다고 할 수 있다.

그렇다면, 과연 북극에너지의 미래는 어떻게 펼쳐질까? 북극권 국가, 즉 북극이사회 회원국 미국, 러시아, 캐나다, 덴마크, 핀란드, 스웨덴, 노르웨이, 아이슬란드는 모두 원유를 생산하고 천연가스 매장량을 보유한 나라들이다. 이 얘기는 글로벌 원유시장에서 이들 북극권 국가들의 영향력이 무시할 수 없다는 것이다. 최근 들어 미국이 원유 순수출국으로 돌아서면서 원유시장에서의 미국의 영향력은 최근 유가 하락에까지 미치고 있다.

원유와 달러는 상관관계가 크다. 마치 하나의 풍선 같아서 원유를 누르면 달러가 커지고, 달러를 누르면 원유가격이 상승하는데 일조한다. 그것은 원유가 달러로 청산되기 때문이다. 즉, 이거 하나만으로도 원유시장과 북극은 연관이 있다.

이러한 상황에서 2015년 8월 중요한 사건들이 발생했다. 그것은 미국 정부와 다국적 기업인 로열더치쉘 간의 신경전에서 기인한다. 미국이 쉘(Shell)에 대하여 북극해 석유시추 계획을 최종 허락한 것은 1991년 이후 24년 만에 처음이다. 쉘은 이미 지난 8년간 70억 달러를 투자한 바 있고 이번 미 내무부 승인이 확정되면서 올해 10억 달러가 추가될 계획이었다. 코노코필립스와 스타토일 또한 시추권을 확보하고 있지만 시추 계획은 없는 상황이다. 이번 셸의 시추 허용은 북극해 개발에 긍정적인 영향을 미칠 것으로 전망되었었다. 같은 해 10월 말, 그것도 북극이사회 공식행사인 북극에너지정상회의가 개최되기 바로 하루 전 북극진출을 철회하기 전까지는.

쉘의 북극 개발 사업은 그 동안 환경단체의 반대로 인해 지연되었다. 하지만 쉘이 북극을 물고 놓지 않음에 따라, 이란 원유생산 재개와 함께 공급여력이 늘어날 것이라는 기대심리를 유도하는 데 긍정적으로 작용했던 것은 사실이다.

실질적으로 북극해 유가스전이 생산단계에 이르기까지는 아직 풀어야 할 숙제가 많이 있다. 아직 북극해 원유생산비용은 배럴당 60달러에서 많게는 100달러까지 보는 이도 있다. 그런데 최근 들어 러시아 민간기업인 노바텍(Novatek)이 야말 LNG 사업을 해상플랜트 도입으로 경제성을 확보함에 따라 중국투자를 성공적으로 끌어냈다. 여기에 일본은 JBIC(일본 국제협력은행)의 금융지원을 통해 간접투자를 하게 된다.

북극해 천연가스 액화플랜트의 중심지인 러시아 야말 LNG 전경

게다가 미국마저도 트럼프 정부 들어서면서 북극항로와 남극기지 보급을 위해 쇄빙선 건조를 추진하고 있다. 이러한 움직임은 한마디로 북극에너지의 잠재력 때문이다. 북극해 에너지 개발은 장기적으로 미래의 에너지 공급여력을 늘려 유가 안정에 기여할 것으로 기대된다. 또한 천연가스 차원에서 보더라도 아시아의 폭발적인 가스수요 확대에 부응해 러시아와 미국의 손님 끌어들이기 경쟁이 예상된다.

특히 이러한 경쟁은 LNG시장에서 카타르를 비롯한 중동국가들을 러시아와 미국 모두 견제하는데서 기인한다. 러시아는 야말 인근에 분포되어 있는 가스매장량을 노바텍은 물론 가즈프롬과 로즈네프트 등 다양한 사업주체를 통해 북동항로를 이용하는 아시아시장을 개척하고자 한다. 이것이 바로 러시아 동방정책의 핵심이다. 여기에 미국은 셰일가스를 필두로 천연가스는 물론 원유시장까지 장악하려고 하고 있다. 그럼 과연 우리나라는 이러한 상황변화에 어떻게 대처해야 할까? 그 해답은 바로 북방경제협력에 있다.

북방경제협력과 북극항로

세계의 열강들이 하나같이 강력한 지도자를 맞이하였다. 러시아는 푸틴, 중국은 시진핑, 미국은 트럼프. 어느 하나 만만한 곳이 없다. 게다가 이들 국가 지도자들이 원하는 것은 자국의 이익을 극대화하는 것이다. 그러다 보니, 자국의 힘이 닿는 곳을 확대하기 위한 일환으로 푸틴은 동방정책을 들고 나왔고, 시진핑은 일대일로를 통해 세계가 중국을 향해 다가올 수 있는 인프라 마련에 역점을 두고 있다. 이런 시점에 한국 정부는 북방경제협력을 위한 위원회를 설립하고, 9개의 다리를 통한 나인-브릿지(9-bridge) 전략을 내놓았다. 9개의 다리로 상징하는 부문은 천연가스, 철도, 항만, 전력, 북극항로, 조선, 일자리, 농업, 수산이다.

여기서 천연가스가 나인-브릿지 전략의 최우선 순위에 놓여 있는 이유는 바로 러시아가 원하는 협력 부문이자 가스협력을 통해 나머지 부문 협력이 함께 따라올 수 있을 만큼 시너지효과가 크기 때문이다. 가스협력은 곧 지역개발 및 지역 간 협력을 의미한다. 이러한 사례는 모잠비크, 오만, 우즈벡 등에서 찾아볼 수 있다. 천연가스는 에너지원인 연료이자, 곧 원료이다. 즉, 석유화학업종의 꽃인 비료산업이나 플라스틱과 같은 재질 등으로 국민생활의 편의성을 제공한다. 따라서 특정지역의 가스개발은 에너지 기업이 전면 나서 석유화학 업종과 건설업종이 진입할 기회를 제공한다. 즉, 이번 나인-브릿지 전략을 통해 다각적인 경제협력이 가능할 것으로 기대된다.

나인-브릿지 전략의 시작은 천연가스가 중심이 되지만, 북방경제협력의 촉매 역할은 북극항로가 할 것으로 기대된다. 북극항로는 북동항로[01]와 북서항로[02]로 구분된다. 북극항로가 경제성 및 안전성을 확보하게 되면 아시아 LNG 허브가 가속화될 것으로 전망된다. 그 배경에는 과거 주요 천연가스 공급국이었던 인도네시아마저 북극 LNG 설비에 투자를 할 정도로 아시아의 천연가스 수요가 급증되고 있는 현실과 러시아와 미국의 공급잠재력이 늘어나고 있는 점을 들 수 있다. 즉 아시아시장을 향한 러브콜이 북극권과 아시아를 연결하는 북극항로의 필요성을 부각시킬 것이라는 논지이다.

북극항로는 공해와 영해 등 복잡한 외교문제를 차체하고라도 내빙선 및 쇄

01 북동항로(Northeast Passage 또는 Northern Sea Route): 시베리아 북부해안을 따라 대서양과 태평양을 잇는 노선

02 북서항로(Northwest Passage)는 캐나다 북부해역을 따라 대서양과 태평양을 연결하는 노선

新해양 실크로드 북극항로

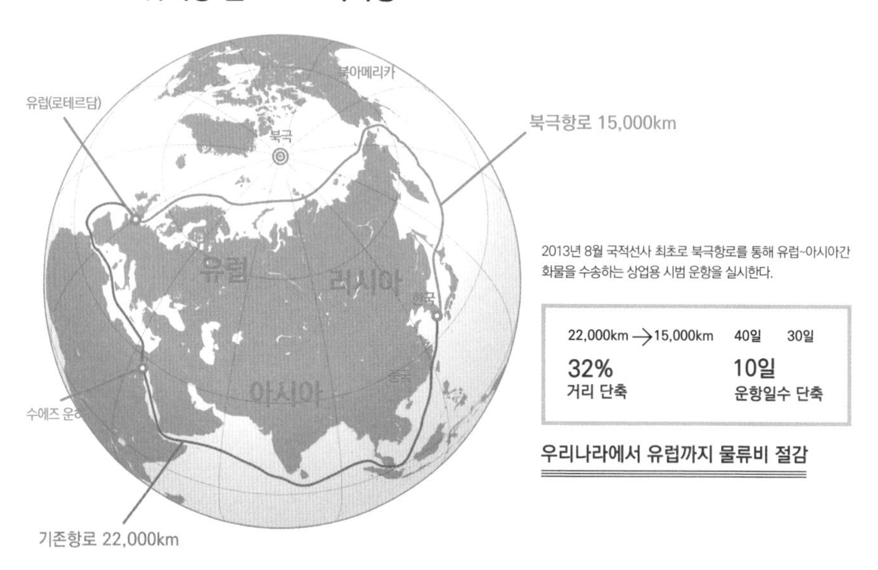

제도적 리스크 및 시장리스크에 대한 연구가 다양하게 선행과제가 있음에도 불구하고 큰 기대감이 일고 있는 북극항로

빙선 등 기술적 문제가 복잡하게 얽혀 있다. 북극항로가 실질적인 운송루트로서 제 역할을 하기 위해서는 양자가 다자간 협의를 통해 선결되어야 할 과제가 많다는 얘기이다. 그러나 최근 동방경제포럼을 통해 한-러 정상회담을 가지면서 한-러 간 경제협력차원에서 북극항로 논의가 활기를 띠고 있다. 이러한 주변 환경변화는 양자 간 경제교류는 물론 북극권과 비북극권 간의 다양한 인적교류와 문화교류 등 교류의 폭이 확대될 것으로 기대된다.

북극권의 경제·사회 활동이 제대로 영위되기 위해서는 수송수단이 확보되어야 하며, 경제교류가 활발해지기 위한 사전교감이 마련되어야 한다. 북극이사회 지속가능개발워킹그룹(SDWG: Sustainable Development Working Group)에서 강조하는 '교육'과 '소통'은 이러한 교감을 확대하는 도구이자, 교감을 평가하는 척도이기도 하다. 특히 과학연구협력을 통한 과학 외교는 북극은 물론 글로벌 기후변화의 예측 및 예보능력을 제고하는데 기여할 것으로 기대된다.

앞으로 북극 에너지가 시장에 진입하기까지 극지 기술개발은 물론 북극항로와 관련한 제도적 리스크 및 시장리스크에 대한 연구가 다양하게 선행되어야 할 것이다. 이러한 관점에서 볼 때 향후 북극연구는 과학연구와 경제·사회연구가 융합된 가치창출과 신성장동력 개발에 역점을 두어야 할 것으로 사료된다.

* 이 글은 단행본 『글로벌 북극』에서 발췌하였다.

⌖ 북극이사회, 북극의 협력마당

서현교

극지 탐험 역사의 중심 도시 트롬쇠

트롬쇠[01]는 노르웨이 북서 지방의 대표적 해안도시이자 노르웨이 북극 연구의 거점 도시다. 트롬쇠는 북극권인 북위 69.4도에 위치하여 여름에는 백야가 겨울에는 극야가 나타나고, 오로라 여행지로도 유명하다[02]. 매년 6월 중순이면 '백야 마라톤(Midnight Sun Marathon)'이 열리는데, 참가자들은 밤 9시부터 새벽 1-2시까지 42.195킬로미터의 마라톤 풀코스로 트롬쇠

01 트롬쇠는 노르웨이 트롬스(Troms) 주의 주도로 노르웨이 북부의 대표적인 교육, 연구, 상업(관광) 도시다. 트롬쇠는 중심의 트롬쇠섬(Tromsø Island)과 주변 여러 섬의 일부로 도시가 구성되어 있으며, 육지 면적이 2,470제곱킬로미터으로 서울시(605제곱킬로미터)의 4배 정도이고, 인구는 72,000여 명이다. https://www.visittromso.no/sites/tromso/files/vt_tg2016_n_e-finale1.pdf 참조

02 트롬쇠에는 매년 5월 18일부터 7월 25일까지 백야가, 11월 28일부터 1월 15일까지 극야는 각각 두달씩 일어난다. 또한 트롬쇠에서 오로라는 9월부터 이듬해 3월까지 관찰이 가능하다. https://www.visittromso.no/sites/tromso/files/vt_tg2016_n_e-finale1.pdf 참조.

도시를 한 바퀴 뛰면서 해가 떠 있는 하얀 밤과 설산, 맑은 공기를 즐긴다. 트롬쇠는 연 12만 명 이상의 방문객이 찾는데, 트롬쇠 인구가 7만2천여 명인 점을 감안하면 현지 주민보다 관광객이 많은 도시라고 할 수 있다.

트롬쇠는 북극 탐험 역사에서 중요한 의미가 있다. 세계 최초로 남극점에 도달한 노르웨이 탐험가 아문센이 북극점 탐험을 나섰다 조난당한 비행선 '이탈리아'(Italia)를 찾아 1928년 6월 18일 '래섬(Latham)'이라는 비행선을 타고 이곳

노르웨이의 최북단 도시 트롬쇠 항구

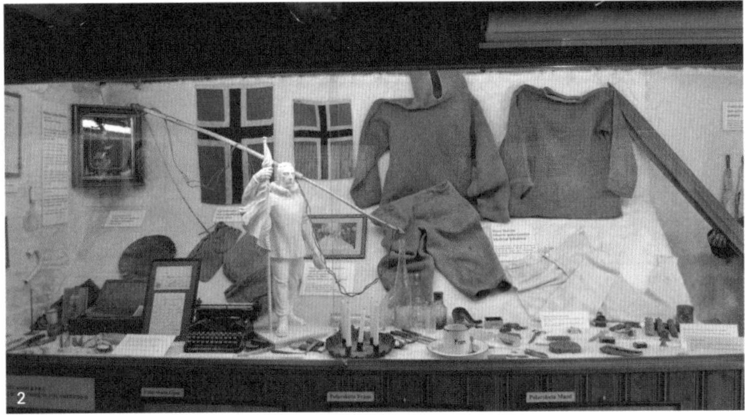

1. 백야 마라톤 참가자들
2. 극지박물관에 전시중인 아문센이 극지 탐험 때 쓰던 물건

트롬쇠를 출발했다. 그러나 래섬도 조난을 당하면서 이 구조작전이 아문센 생애 마지막 비행이 되었고, 그의 시신은 끝내 찾지 못했다. 이런 아문센의 희생정신과 극지 탐험의 도전을 기려 트롬쇠에는 그의 동상과 위령탑이 세워져 있다.

한편, 트롬쇠에는 세계에서 위도가 가장 높은 곳에 위치한 종합대학교인 트롬쇠대학교(UiT)가 있다. 트롬쇠대학은 노르웨이에서 세 번째로 규모가 큰 대

1. 프람센터 전경　2. 프람센터 1층 내부

학교로 약 11,000명의 학생이 등록되어 있다. 트롬쇠대학은 노르웨이북극대학(The Arctic University of Norway)이라는 별칭이 있을 정도로 북극과 관련된 자연과학과 사회과학 분야에 집중하고 있다. 또한 트롬쇠 대학은 선박운항, 선원교육, 해양물류, 해양 관련 제도 등의 해사분야(Maritime Activities)에서도 명성이 높다.

트롬쇠에는 또한 프람센터(Fram Centre)[03]가 유명하다. 프람센터는 북극 환경과 기후 관련 연구를 하는 20여 개 연구소가 모인 연구단지다. 이 프람센터에는 '노르웨이극지연구소(NPI)'가 자리 잡고 있다. 또한 우리나라 극지연구소(KOPRI)와 노르웨이 극지연구소 간 가교 역할을 하는 'KOPRI-NPI 극지연구 협력센터'도 2014년 4월에 문을 열어 프람센터에서 운영 중이다. 프람센터에는 북극이사회 상설사무국도 있다.

북극이사회, 왜 그리고 어떻게 출범하게 되었나?

지구를 수박에 비유하면 수박꼭지 부분에 위치한 북극해는 북극해 연안 국가들이 둘러싸고 있다. 북극해를 영해로 두고 있는 북극해 연안 국가는 미국, 러시아, 캐나다, 노르웨이, 덴마크(그린란드) 5개 나라다. 북극해와 맞닿아 있지는 않지만, 영토의 일부가 북극권에 포함되는 나라가 있는데, 스웨덴, 핀란드, 아이슬란드다. 스웨덴과 핀란드는 노르웨이와 같은 스칸디나비아 반도에 자리 잡고 있지만, 북쪽은 북극해가 아니라 노르웨이와 국경을 맞대고 있다.

이들 여덟 나라는 북극의 환경오염이나 환경변화에 직접 영향을 받는, 다시 말해 한 배를 타고 있는 '북극 환경 공동 운명체'라고 할 수 있다. 어느 한 나라

---

03 프람호(Fram: 1893~1912)는 노르웨이 탐험가이자 과학자인 난센(Fridtjof Nansen, 1861-1930)이 1893년부터 1896년까지 북극점 탐험을 위해 사용한 나무로 만든 배다. 이후 오토 스베어드룹(Otto Sverdrup), 오스카르 비스팅(Oscar Wisting), 및 로알 아문센 등 노르웨이 탐험가들이 극지 탐험을 위해 1912년까지 사용하다 은퇴하여 현재는 오슬로에 있는 프람 박물관에 전시되어 있다. 난센이 프람호와 썰매를 이용하여 북위 86.14도까지 도달하였고, 1896년 8월에는 트롬쇠항에 잠시 입항하여 환영을 받은 후, 같은 해 9월 오슬로항에 도착하여 지금은 프람 박물관에 전시되어 있다. http://www.frammuseum.no/Visit-the-Museum/Fram.aspx 참조.

가 북극을 오염시키거나 북극해 수산물을 남획하여 생태계 균형을 파괴하면, 곧바로 다른 북극권 국가들에게 심각한 영향을 줄 수 있다. 따라서 이 8개국은 서로 협력하여 북극권 환경을 보호하고 후손들에게 현재의 환경상태를 유지하거나 개선시켜 물려줄 수 있도록 '북극의 지속가능한 발전'을 통해 상호 공존의 길을 1980년대부터 모색해 왔다.

이렇게 1980년대부터 북극의 환경변화와 오염문제가 북극권 국가는 물론 국제사회의 공동 이슈로 부각되었는데, 그 당시 동서(자유주의↔공산주의) 간 냉전 종식을 계기로 러시아의 고르바초프 전 서기장이 1987년 러시아 북극항로의 출발항이자 북극권의 대표적인 탄광·무역·상업도시인 무르만스크에서 '무르만스크 선언'[04]을 발표하면서 러시아의 북극권지역이 국제사회에 본격 개방되었다. 무르만스크 선언은 그간 닫혀 있던 러시아 북쪽의 바다길인 북동항로를 국제사회에 개방하고, 북극권 자원의 공동개발과 북극권 환경보호를 위한 북극권 국가 간 협력 추진 등의 내용을 포함하고 있다. 무르만스크 선언을 계기로 북극권 8개국은 공동 이슈인 북극해 환경보호 협의에 들어갔다. 앞서 말한 북극권 국가 간 환경공동운명체라는 인식이 이런 신속한 협의를 갖게 한 것이다. 북극권 국가의 외교장관들은 1991년에 핀란드의 산타마을 도시로 유명한 로바니에미(Rovaniemi)에 모여 산성화 물질, 방사능, 소음, 중금속, 원유, 분해되지 않는 화학물질[05] 등과 같이 북극권을 오염시키는 환경오염물질과 해당 물질을 배출하는 원인이 무엇인지 밝혀내고, 또 이런 오염물질이 북극의 환경과 원주민과 거주민에 실제 어떤 영향을 미치는지 조사하기로 했다. 그리

04 당시 고르바초프는 키로프 문화회관에서 무르만스크 선언을 낭독하였다. 러시아는 북극해를 중심으로 북극권의 50%이상을 차지하고 있다. https://www.barentsinfo.fi/docs/Gorbachev_speech.pdf 참조.

05 일명 난분해성유기화합물(POPs, Persistent Organic Pollutants)이라 한다.

러시아 무르만스크항

고 북극의 기후변화를 예측하기 위한 과학연구 협력, 북극권 해저에 묻혀 있는 원유의 탐사와 시추 등의 개발 활동이 환경에 미치는 영향을 평가하고, 이를 관리할 수 있는 방법을 개발하여 상호 실행하기로 합의하였다[06].

이런 첫 번째 북극권 국가 간 회의를 계기로 8개국은 1993년 9월에는 그린란드 누크(Nuuk)에서, 1996년 3월에는 캐나다 이누비크(Inuvik), 1996년 9월에는 캐나다의 수도 오타와(Ottawa)에서 관련 회의를 이어가며, 북극권의 기

---

06 이 내용은 당시 8개국이 이곳에서 합의한 로바니에미 선언문의 북극환경보호전략(AEPS: Arctic Environmental Protection Strategy)에 담겨 있다.

북극이사회 산하 회의 장면

후와 환경문제, 해양 및 원주민의 큰 주제를 세부적으로 다룰 산하 상설기구[07]를 구성하고, 원주민 대표가 각각의 이슈와 장관회의에 직접 참여할 수 있도록 내부 조직체계를 조율했다. 그리고 1996년 9월 오타와회의에서 8개국 대표들은 '오타와 선언문'[08]을 채택하면서 북극이사회의 공식 출범을 세상에 알렸다.

07 북극이사회 산하에 6개 상설작업반이 설치되어 세부 주제별로 프로젝트 및 안건을 다루고 있다. 6개 상설작업반은 북극오염조치 프로그램(ACAP), 북극모니터링 및 평가 프로그램(AMAP), 비상사태예방준비대응(EPPR), 북극해양환경보호(PAME), 북극동식물보존(CAFF), 지속가능개발워킹그룹(SDWG)이다. 그 외 전문가그룹작업반(Working Group), 태스크포스(TF) 등 다양한 그룹이 기한을 정해 활동하고, 장관회의에 활동 결과를 보고한다.

08 http://www.international.gc.ca/arctic-arctique/ottdec-decott.aspx?lang=eng 참조.

이후 회원국 8개국이 순번제로[09] 2년씩 의장국을 맡아 외교장관회의와 외교 국장 및 과장급 고위회의(SAO: Senior Arctic Officials) 등을 자국의 주요 북극권 도시에서 개최하며, 주요 이슈들의 진행상황을 점검하기로 하였다. 한편, 2011년 그린란드 누크에서 열린 외교장관회의에서는 북극이사회 업무를 지원할 상설사무국을 설치하기로 하고, 2013년 6월 1일 노르웨이의 '트롬쇠'의 프람센터에 상설사무국을 열었다.

북극이사회, 어떤 이슈를 다루나?

북극이사회의 이슈는 크게 '기후와 환경', '생물다양성', '해양', '북극 원주민'의 네 가지다. '기후와 환경' 주제에서는 북극의 기후변화로 매년 줄어들고 있는 북극의 바다와 육지 얼음이 자연의 생태계, 특히 먹이사슬에 어떤 영향을 주는지를 과학적으로 규명하는 것과, 북극의 환경변화를 가속화하는 물질을 연구하는 것에 주로 관심이 있다. 예를 들어 땔감 등으로 목재를 태울 때 날리는 검댕(black carbon)이 눈 또는 얼음 위에 앉으면 눈이나 얼음이 더 빨리 녹게 된다. 그리고 자동차나 공장에서 방출되고 북극 동토가 녹으면서 나오는 메탄은 기후변화를 가속화하는 온실기체다. 이런 블랙카본이나 메탄의 연구와 관리가 '기후와 환경' 주제의 주요 관심 대상이다. 이밖에도 북극의 환경을 오염시키는 폐살충제나 수은, 방사능 물질 등의 유해물질 배출원을 찾아내 배출량과 환경에 미치는 영향을 파악하는 것도 주요 관리 주제다. 또 기후변화에 따라 변화되는 생활·자연 환경에도 북극 원주민들과 거주민들이 새롭게 적응하도록 하는 방안을 찾아 그 정보를 공유하는 것도 주요 활동 사항이다.

---

09 북극이사회 8개국의 의장국 순서는 설립선언문(오타와)이 낭독된 캐나다가 1번이고, 이어 미국, 핀란드, 아이슬란드, 러시아, 노르웨이, 덴마크(그린란드), 스웨덴 순으로 돌아간다.

두 번째 주제인 '생물다양성'에서는 육상 및 해양 먹이사슬의 기초가 되는 동물과 식물플랑크톤부터 최상위 포식자인 북극곰에 이르기까지 북극의 먹이사슬 생태계가 건강하게 유지하는 것을 목표로 한다. 그래서 먹이사슬 각 계층별 대표생물들, 예를 들어 최상위 포식자인 경우 북극곰, 북극여우, 바다사자, 물개 등을 모니터링 대상으로 지정하여 그들이 일정 지역에 총 몇 마리가 서식하는지 또 서식지의 환경은 어떻게 바뀌고 있으며, 그들의 먹잇감이 되는 동물의 개체수는 어떤 변화를 보이는지 관찰해서 데이터를 축적하고 있다. 만약 특정 종이 줄어들어 멸종 가능성이 있으면 보호 및 관리방안을 마련하는 것도 '생물다양성'의 대표 활동이다.

세 번째 주제인 '해양'에서는 북극 바다의 얼음이 줄면서 북극해에서 선박 운항이 점차 증가하는 현황을 고려하여, 선박 운항 과정의 안전과 생명보호에 필요한 선박위치 추적 및 선박 사고/조난 시 신속한 수색과 인명 및 선박의 구조에 관한 국가 간 협력을 강화하는 것이 대표적인 활동이다. 그리고 북극해에서 석유와 가스개발이 많아지고 북극 항로에서 화물 선박의 운항이 잦아지면서 발생하는 환경오염의 원인 규명과 안전 대비책 마련, 원유 개발시추 과정에서 발생할 수 있는 기름유출 사고에 대비한 국가 간 협력방안 마련도 중요한 사업 중 하나다. 또한 선박이 안전하게 바닷길을 이용할 수 있도록 해저지형 지도와 해저수심도의 제작과 관련 데이터 공유도 주요 이슈다. 그밖에 해양이 산성화하면서 조개 등 갑각류의 딱딱한 껍질이 얇아지는 등 해양생물과 생물서식처가 받는 위협에 대한 연구와 이에 대한 대응도 관심 있게 다루고 있다.

마지막 주제인 '북극 원주민'에서는 원주민들이 신체적·정신적 건강을 유지할 수 있도록 의학적 지원을 하고, 원주민들이 환경오염물질에 얼마나 노출되어 있는지를 파악하여 오염물질 제거와 원주민 피해 관리에 대해 논의하고 있다. 그리고 원주민 고유 언어와 문화, 오랜 기간 쌓아온 그들만의 지식 등의 전통을 유지·보호하는 방안이 논의되고 있다. 특히 원주민의 전통지식은 현대 과학 측면에서도 매우 가치가 있다. 가령 원주민들은 흰돌고래나 순록을 식용으로 잡거나 길러왔는데, 현대 과학은 동물의 건강 상태를 화학적 분석을 통해 알 수 있는 반면, 원주민들은 고래나 순록의 눈 색깔이나 피부색만 보고도 건강 상태를 판별하여 먹어도 될지를 알 수 있다고 한다. 그래서 현대과학과 원주민 전통지식을 융합하여 북극 과학연구를 한 단계 끌어올리자는 움직임이 활발하다.[10]

그 외에도 원주민들이 순록 목축이나 물고기나 고래 등을 잡는 어업과 전통 경제 활동을 유지할 수 있도록 하면서, 원주민의 생활 수준 향상을 위해 원주민 경제에 기여할 수 있는 비즈니스 개발도 추진 중이다. 이 비즈니즈 개발과 관련해 북극이사회는 2014년 9월 북극자원개발을 담당하는 기구인 북극경제이사회(Arctic Economic Council)를 출범시켰다. 이 북극경제이사회는 북극 자원개발에 참여하고자 하는 기업들에게 기회를 주는 대신, 개발에 따른 경제적 혜택을 원주민에게 상당 부분 돌아가도록 하자는 취지로 업무를 추진하고 있다.

한편, 이런 8개국 공통 주제 외에도 북극이사회 의장국을 맡고 있는 국가는 의장국 자격으로 임기 2년간 중점 추진코자 하는 정책을 펼칠 수 있다. 원래 북극이사회 대표는 각국 외교장관이 맡는데, 2013년 캐나다는 원주민 정책에 역점을 두고, 외교부 장관이 아닌 이누이트족 출신의 레오나(Leona Aglukkaq)

10 북극이사회 과학기술협력 TF(Scientific Cooperation TaskForec: SCTF)회의에서 동 이슈 관련 논의를 진행하고 있으며 미국이 개최하는 2017년 북극이사회 장관회의에서 최종 합의(안)이 채택되었다.

환경부 장관을 대표로 지명하였다. 이는 당시 하퍼 총리가 북극이사회에서 원주민 정책을 강조하기 위한 특단의 조치였다. 이런 정책적 기반 하에 캐나다는 북극이사회 의장국 기간 동안 원주민 혜택을 위한 비즈니스 과제로 '북극경제이사회'를 출범을 주도하였다. 크루즈선의 안전한 북극 운항을 담보하면서 원주민에게 일정 수익이 돌아가도록 하는 정책도 추진하였다. 그리고 원주민 전통생활방식(전통 음식, 문화, 언어 등) 보호는 물론 현대문명과 접하면서 많은 혼란을 겪고 있는 원주민들의 정신 건강(특히 자살 문제)도 중점 추진사업이었다. 그 외 원주민들이 북극 기후변화에 따른 물리적 환경(생태계 및 원주민 터전)변화에 잘 적응해 나가도록 관련 정보와 대응 방안을 원주민에게 제공하는 사업, 그리고 북극권 국가 간 과학협력 규정을 제정하고, 그 틀에서 원주민들의 지식과 현대지식 간의 융합도 추진하였으며 그 후속사업이 현재 의장국인 미국에까지 이어지고 있다.

한편, 직전 의장국인 미국(2015-2017)은 원주민보다는 보편적 가치에 보다 중점을 두었다. 즉, 기후변화에 의한 북극 생태계변화에 대한 대응이나 기후변화의 원인인 온실기체 배출 감축, 기후변화에 따른 조기 위기경보 시스템 가동(예를 들어 기후변화로 북극의 특정 생태계 생물군에서 급격하게 감소하면 즉시 대응할 수 있는 체계) 등을 제시하였다. 또한 북극해의 안전 및 환경보호, 물(수돗물)을 비롯한 북극권의 위생시설, 통신용 인프라 구축, 신재생에너지 활용 증대 등과 같은 사회 기반시설의 현대화 및 친환경에너지 공급을 추구하였다. 이런 사업은 북극 원주민뿐만 아니라 북극권 도시에 사는 일반 거주민도 혜택을 볼 수 있는 사업들로, 기존 북극이사회 체계 내에서 추진할 수도 있지만, 의장국이 추진하는 별도 프로그램으로 만들어, 국제사회 특히 우리나라와 같은 비북극권 국가들이나 국제기구들도 미국이 제시한 의장국프로그램에 보다 적극적인 참여를 유도하기 위한 것이다. 그리고 원주민 자살예방프로그램

아문센이 1903년 캐나다 북극에서 조난 당했을 때 만난 이누이트

이나 북극권 국가 간 북극과학협력 의무규정, 북극경제이사회 활성화 등은 캐나다가 추진한 사업을 미국이 이어받아 계속 추진하는 사업으로, 중요 사업으로 추가 논의가 필요한 사업들은 의장국이 바뀌어도 사업을 이어가고 있다.

현 의장국 핀란드(2017-2019)는 2017년 신임 의장국이 추진과제로 '환경보호'와 '연계성', 기상협력, 교육 등 4개 아젠다를 제시하였다. '환경보호'에서는 기후변화 대응 및 적응, 온실가스 감축, 북극 생물다양성 및 환경 보호 등 북극권 국가들의 전통적인 주요 이슈를 주목하였다. '연계성' 사업은 직전 의장국 미국의 통신인프라 사업의 연속사업으로 원주민/거주민/관광객 모바일 통신, 원격의료 등을 위한 북극통신인프라 구축, 북극항해 선박에 대해 해빙상태 등에 대한 위성통신 기반 정보제공 등의 사업이 포함된다. 신규사업인 북극 기상협력에서는 기상데이터 협력과 기상 모니터링 협력을 제시함으로써 북극 기상관측 및 예보의 정확도를 높이고자 하였다. '교육'은 북극권 문화, 언어 등의 전

트롬쇠 박물관에 전시된 사미족의 전통집과 사미족이 쓰던 각종 도구

통유지를 위한 디지털컨텐츠 제작, 교수법 개발, 교육자 간 네트워크 등의 사업이다.

북극이사회의 한 축 북극 원주민

세계 최초로 남극점에 도달한 노르웨이의 아문센. 그도 남극에 도달하기 전 1903년부터 1906년까지 북서항로를 탐험할 당시 조난을 당하여 1903년 캐나다의 기요르 헤이븐(Gjor Haven)이라는 이누이트 마을에서 겨울을 지냈다. 아문센은 그때 거기에 사는 이누이트로부터 순록 가죽으로 혹한을 견딜 수 있는 옷을 만드는 법, 이글루 만드는 법 등 북극의 혹한기후에서 살아남는 생존기술을 배웠으며, 결국 안전하게 조난을 헤쳐 나왔다. 이처럼 북극 원주민으로부터 배운 지식과 경험이 결국 세계 최초 남극점 정복을 한 밑바탕이 되었을 정도로 원주민들은 극지 탐험 역사에 지대한 영향을 미쳤다.

북극 원주민은 북극이사회에서 정회원 8개국과 함께 사실상 북극이사회 내에서 다른 한 축에 서 있다. 북극 주요 이슈의 실제 당사자인 북극권 원주민들은 영구 참여자(Permanent Participants) 자격으로 그 대표들이 북극이사회 모든 회의에 참석하여 자신들의 입장을 표명할 수 있는 권리가 있다. 노르웨이, 스웨덴 전역과 핀란드 북부지역 및 러시아 콜라반도의 4개국에 넓게 퍼져 사는 사미족(Sami)을 비롯하여, 미국 알래스카, 캐나다 북서부 유콘 주에 살고 있는 아사바스칸족(Athabaskan), 미국 알래스카에 사는 알류트족(Aleut), 캐나다, 미국, 그린란드, 시베리아 등의 북극권에 사는 이누이트족(Inuit), 북러시아에 사는 원주민 그룹(RAIPON)의 6개 원주민 그룹의 대표들이 북극이사회 관련 회의에 참여하고 있다. 그들은 외교장관회의를 비롯하여 모든 북극이사회 관련 회의에 자신들의 전통의상을 입고 참여하여 원주민 입장을 관철하기 노력한다. 옵서버는 일부 발언이 제한되는 데 반해 원주민들은 정회원국과 마찬가지로 제한이 없다. 그들은 모든 회의에서 자신들의 전통지식, 전통생활, 전통경제가 지켜지길 바라고 있으며, 자신들의 이해관계가 걸린 국가 정책결정에 참여하길 원한다.

현재 북극이사회 상설사무국이 있는 이곳 트롬쇠도 사미족 원주민 거주지에 해당한다. 원주민들은 자신들만의 대표 기구를 만들어 이 조직기구로 대외활동을 한다. 1956년 결성된 '사미이사회'(Sami Council)는 노르웨이, 덴마크, 핀란드, 러시아에 퍼져 있는 총 7~10만 명 사미족 원주민을 대표하고 있으며, 원주민 기구 중 가장 역사가 길다. 사미족은 자신들의 고유 언어를 사용하며 순록 목축을 하는 것을 기준으로 사미족을 구분한다. 사미이사회의 경우 사미족이 살고 있는 4개국에 대해 사미족의 권리 및 이익 증진, 국적에 상관없이 사미족 간의 친밀감 도모, 법제화를 통한 사미족의 경제, 문화적 전통, 사회적 권리 보호와 원주민 지위의 법적 인정을 위해 노력하고 있다.

북극이사회 옵서버

2013년 5월 15일은 우리나라 북극 활동에 큰 획을 그은 날이다. 스웨덴의 북극권 탄광산업도시인 키루나(Kiruna)에서 개최된 북극이사회 외교장관회의에서 우리나라가 옵서버로 가입된 날이기 때문이다. 현재 우리나라 외에 중국, 일본, 싱가포르, 인도, 프랑스, 네덜란드, 스페인, 영국, 폴란드, 이탈리아, 독일, 스위스 등 13개국이 옵서버 국가 자격으로 북극이사회 관련 회의에 참가하고 있으며, 일부 연구 프로젝트에도 참여하고 있다[11].

필자는 수년 간 우리나라 외교부의 '북극이사회 옵서버 가입' 업무를 지원하며, 우리나라의 옵서버 가입이 승인되는 현장까지 거의 전 과정의 실무를 담당하였다. 사실 우여곡절도 많았다. 2007년 12월 극지연구소에 입소한 후 부여받은 첫 임무가 바로 '북극이사회 옵서버' 가입 추진이었다. 먼저 우리나라의 북극 연구와 활동 영역 확대를 위해 북극이사회 옵서버 가입이 필요하다는 것을 관련 자료를 통해 확인하였다. 그런데 북극이사회의 옵서버 가입 신청은 북극이사회가 정부 간 포럼 성격이라 우리 외교부가 회의 당사자로 북극이사회에 공식 요청해야 했다. 외교부가 직접 이 일을 담당하면 절차가 복잡하고 시간이 많이 소요될 것을 감안해, 먼저 극지연구소가 가입지원서를 작성한 후 외교부를 설득하기로 전략을 세웠다. 그래서 국가연구기관인 극지연구소를 내세워 직접 북극이사회와 접촉하기로 하고, 북극이사회 인터넷 웹사이트를 조회하였다. 당시 웹사이트에는 총 세 명의 직원 사진이 연락처와 함께 나와 있었다.

---

11 장관회의에는 옵서버 국가가 발언 기회를 가질 수 없으나, 기타 국과장급회의나 이슈별 실무그룹회의, 테스크포스(TF), 전문가 그룹회의 등에서는 발언 기회가 부여된다.

필자는 극지연구소 입사 전 기자였던 경력을 발휘하여 그 세 명 중 응대를 잘 해줄 것 같은 인상(?)의 한 직원을 택해 이메일을 수차례 주고받아 북극이사회 임시옵서버(Ad-hoc) 가입신청서를 이메일로 받을 수 있었다. 신청서에는 우리나라의 북극연구 역사와 활동 현황, 가입 후 기여방안 등 6~7개 질문이 있었다. 극지연구소의 그간 북극연구 활동을 정리하여 신청서를 작성한 후 우리 외교부와 접촉하여 우리나라의 북극이사회에 가입 필요성을 연구소 차원에서 설득하였다. 그리하여 외교부는 2008년 5월 북극이사회 사무국에 가입신청서를 제출하고, 그해 11월 외교부 및 극지연구소 관계자가 노르웨이 코토케이노(Kautokeino)에서 열린 북극이사회 8개국 외교 국과장급회의에 참석하고 발표하여 공식 지지를 받음으로써 우리나라가 임시옵서버 국가가 되는 첫발을 내딛을 수 있었다.

임시옵서버 자격을 획득한 후에는, 임시 자격이 아닌 정식 북극이사회 '옵서버'가 되기 위해 더 많은 노력이 필요했다. 임시옵서버는 그야말로 '임시'이기 때문이다. 연구소는 노르웨이 트롬쇠에서 열린 EBM(Ecosystem Based Management: 생태계의 건강성을 평가하여 우리의 환경을 관리하는 기법) 전문가회의, 북극이사회 산하 각 이슈별 실무작업반(Working Group)회의에 부지런히 참석하며 우리나라가 북극이사회에 기여하려는 의지를 보여주었다. 또한 외교부와 함께 미국 등 주요 북극권 국가를 순방하며 우리나라의 옵서버 가입을 설득했고, 북극권 국가들의 주한 외교사절을 모두 초청한 북극정책 국제심포지엄을 2013년 3월 외교부와 함께 성공적으로 개최하였다. 그리고 마지막 키루나 외교장관회의에서 최종가입 실무 지원까지, 우리나라가 북극이사회 옵서버로 인정받기까지 극지연구소 차원의 숨은 노력과 지원이 있었다.

북극이사회 옵서버 가입 후 우리 정부는 가입에 따른 후속 조치로서 해양

수산부를 중심으로 '북극정책 기본계획'이라는 범부처 정책을 2013년 12월 10일 발표하였다. 이 북극정책 기본계획에는 31개의 세부 계획이 포함되어 있는데, 그중 하나가 바로 '극지연구 협력센터 설치 및 운영'이다. 이런 정부 정책을 따라 2014년 4월 프람센터에 '극지연구소-노르웨이극지연구소(NPI) 극지연구 협력센터'가 문을 연 것이다. 앞으로 이 협력센터가 극지연구소와 노르웨이극지연구소 간 교류 창구의 기능을 넘어서 우리나라와 노르웨이의 국가 간 극지연구 협력, 더 나아가 노르딕(Nordic)[12] 국가를 포함한 유럽국가와의 극지연구와 활동의 국제협력 교두보로 그 역할이 확대되길 희망한다. 필자는 트롬쇠에 있을 때 기회만 나면 상설사무국을 찾아가 우리나라의 북극 연구 활동을 소개하고, 극지연구소 발간자료도 제공하면서 우리나라 북극 연구 활동에 대한 이해를 높이고자 노력했다. 이같은 북극 커뮤니티와의 지속적인 교류가 결실이 되어 우리나라의 극지 과학 연구 활동의 지평을 확대하고, 북극권에서 우리나라의 국익창출과 북극권 과학 외교 강화에도 밑거름이 되기를 기대한다.

12 노르웨이, 스웨덴, 덴마크(그린란드), 핀란드, 아이슬란드 등 북유럽 5개국.

그림 참고문헌

57쪽 Klánová, J., Nosek, J., Holoubek, I., & Klán, P. 2003. Environmental ice photochemistry: Monochlorophenols. Environmental Science and Technology 37(8): 1568-1574.

57쪽 Klán, P., Klánová, J.,Holoubek, I.,& Čupr., P. 2003. Photochemical activity of organic compounds in ice induced by sunlight irradiation: The Svalbard project. Geophysical Research Letters 30(6):46.

90쪽 Shi, G.R. and Waterhouse, J.B. 2010. Late Palaeozoic global changes affecting high-latitude environments and biotas: An introduction, Palaeogeography, Palaeoclimatology, Palaeoecology 298(1-2):1-16.

92쪽 Blakey, R. C. 2008. Gondwana paleogeography from assembly to breakup - a 500 million year odyssey, p. 1-28 in Fielding, Christopher R., Frank, Tracy D., and Isbell, John L. (eds), Resolving the Late Paleozoic Ice Age in Time and Space: Geological Society of America, Special Paper 441.

127쪽 Dansgaard, W. 2005. Frozen Annals, Greenland Ice Sheet Research. Narayana Press, Denmark.

127쪽 Vallelonga, P. et al. 2014. Initial results from geophysical surveys and shallow coring of the Northeast Greenland Ice Stream (NEGIS). The Cryosphere 8:1275-1287.

222쪽 Barke, J. et al. 2012. Coeval Eocene blooms of the freshwater fern Azolla in and around Arctic and Nordic seas. Palaeogeography, Palaeoclimatology, Palaeoecology 337-338: 108-119.

ⓒ 최용희

Arctic Note 아틱노트

알래스카에서 그린란드까지

초판 1쇄 인쇄 2017년 12월 27일
초판 1쇄 발행 2018년 01월 20일

편저 이유경
지은이 강성호, 권민정, 김기태, 김백민, 김성중, 김정한, 김현철, 김효선, 남성진, 남승일, 박기태
박상종, 박태윤, 서원상, 서현교, 양은진, 우주선, 윤영준, 이강현, 이원영, 이유경, 정지영
정지웅, 진영근, 최태진

펴낸곳 지오북(**GEO**BOOK)
펴낸이 황영심
편집 전슬기, 문윤정
디자인 김정현, 장영숙

주소 서울특별시 종로구 사직로8길 34, 오피스텔 1018호
(내수동 경희궁의아침 3단지)
Tel_02-732-0337 Fax_02-732-9337
eMail_book@geobook.co.kr
www.geobook.co.kr
cafe.naver.com/geobookpub

출판등록번호 제300-2003-211
출판등록일 2003년 11월 27일

ISBN 978-89-94242-54-5 03400

이 도서의 국립중앙도서관 출판예정도서목록(CIP)은 서지정보유통지원시스템 홈페이지(http://seoji.nl.go.kr)와 국가자료공동목록시스템(http://www.nl.go.kr/kolisnet)에서 이용하실 수 있습니다.(CIP제어번호: CIP2018001273)